设施园艺作物生产关键技术问答丛书

设施番茄
栽培与病虫害防治

SHESHI FANQIE ZAIPEI YU
BINGCHONGHAI FANGZHI BAIWEN BAIDA

徐 进 主编

中国农业出版社
北 京

《设施番茄栽培与病虫害防治百问百答》
编写人员名单

主　编 徐　进

副主编 王铁臣　赵　鹤　王　帅

参编人员（按照姓氏字母排序）：

陈小慧　郭　芳　侯　爽

李红岑　李云飞　宋春燕

张　乐　祝　宁

目 录
CONTENTS

视频目录

第一部分

概　　述

1. 番茄起源和分布是怎样的？

　　番茄，在中国又名西红柿、洋柿子、番柿等，为茄科番茄属植物，原产于南美洲西部的秘鲁、厄瓜多尔、玻利维亚、智利等热带地区，其野生类型为多年生植物，在原产地至今还可找到几乎全部的野生种。番茄由印第安人带到了北美洲南部的墨西哥，在自然条件和人工选择的共同作用下产生了丰富多彩的变异，为现在培育性状多样的番茄品种提供了原始的种质资源。

　　16 世纪，欧洲的航海家将番茄从美洲大陆带到了地中海沿岸，首先在英国、法国、西班牙、意大利等国家种植。17 世纪，番茄开始向亚洲传播，由葡萄牙人首先传到东南亚，再传入中国。清代的《广群芳谱》中这样描述番茄："番柿，一名六月柿，茎似蒿，高四五尺，叶似艾，花似榴，一枝结五实或三四实，……草本也，来自西番，故名。"

　　18 世纪后期，番茄传入俄国，生产发展极为迅速，到 20 世纪 50 年代，其栽培面积已发展到 20 万公顷，到 20 世纪 80 年代，仅仅过了 30 年，栽培面积翻了一番，达到 40 万公顷以上。

2. 番茄的栽培方式和栽培水平是怎样的？

　　番茄可以说是蔬菜大家庭中的新成员，栽培历史并不长，作为世界性作物仅有 100 多年的历史，但是由于其营养丰富、适应性广、栽培容易、产量高、用途广等优点，已广泛分布于世界各地。

番茄有多种栽培形式，其中露地栽培是最基本的栽培形式。露地栽培以春播为主，即早春播种，夏季收获。露地秋播番茄在南方及华北地区也有栽培，以满足秋季市场需求。随着科技的进步，利用日光温室和塑料大棚等设施生产已逐渐代替露地生产。在设施的"保护"下，番茄可以在外界条件不适宜的情况下进行生产，可选择的茬口较多，传统的茬口有日光温室秋冬茬、日光温室冬春茬、日光温室春茬、塑料大棚春提前、塑料大棚秋延后等。目前，茬口仍在不断地丰富，继而出现了塑料大棚越夏茬、塑料大棚春夏秋一大茬等茬口，最终保证了番茄的周年供应，故在中国，不论是南方还是北方，一年四季都可以吃到新鲜的番茄。

亚洲和欧洲是番茄的两个主要生产地，中国与荷兰、西班牙、美国等国家是番茄的主要生产国，荷兰、日本等发达国家在番茄研究和栽培中居于世界领先地位。截至 2014 年底，荷兰每亩*年产番茄约 40 000 千克，北京地区仅有部分亩产可超过20 000 千克；2015 年，北京市全市番茄平均亩产量仅为 4 225 千克。经过多年的研究与实践，中国设施蔬菜生产技术研究取得了一系列的成果，也积累了很多宝贵经验，近年来番茄产量也逐年提高。此外，随着人们生活水平的提高，消费者对番茄品质的要求也越来越高，中国在绿色和有机番茄生产以及高营养品质栽培等方面还有较大发展潜力。

3. 番茄的营养价值是怎样的？

番茄果实中含有大量的营养物质，这些营养物质主要包括可

---

* 亩为非法定计量单位，1 亩约为 667 米^2。后同——编者注

溶性糖、有机酸、蛋白质、维生素等。干物质占 5%～12%，其中，可溶性糖占 1.8%～5.5%，有机酸（主要是柠檬酸）占 0.15%～0.75%、蛋白质占 0.7%～1.3%、纤维素占 0.6%～1.6%、矿物质占 0.5%～0.8%、果胶物质占 1.3%～2.5%，脂肪的含量很少，仅有 0.2%～0.3%。番茄富含多种维生素，包括维生素 A、维生素 B_1、维生素 B_2，特别是维生素 C 含量较多，每 100 克果实中含量可达 20～25 毫克。

4 番茄具有哪些商品特性和用途？

番茄的产品器官为果实，含水量高，采后易衰老软化，贮藏期短。其作为商品具有以下特性：①番茄既可作为蔬菜，也可作为水果销售，对其外观品质和内在品质要求都很严格；②只有完全着色成熟的果实才具有商品价值；③番茄果实成熟后，很快衰老变软，很容易在流通过程中因挤压碰撞而失去商品价值。因此，在生产中只有根据番茄果实的商品特性，采取合理的技术和有效的措施，才能生产出具有优良商品品质的番茄。

番茄营养丰富，风味可口，色泽鲜艳，比一般水果的价格低，深受大众喜爱。作为蔬菜，番茄生、熟食皆可，既可以生吃、凉拌、糖拌和炒食，又可制成原汁、罐头、番茄酱、番茄沙司、番茄粉、番茄干等产品。番茄种子磨成粉末还是重要的食品添加剂。另外，随着都市型现代农业的兴起，番茄树、盆栽番茄等种植模式拓展了番茄的观赏功能，使其成为高档科技示范园区和庭院种植的新宠儿。

随着人民生活水平的提高，市场对番茄的需求量越来越大，无论在乡村还是城市，番茄已成为竞争性较强的蔬菜，生产者对高产优质栽培技术也更加地渴望，设施番茄的栽培新技术也逐渐在生产中起到了决定性的作用，能否成功地运用这些新技术已经成为农民能否赚到钱的关键所在。

第二部分

番茄的生长发育习性

5. 番茄根系有什么特点？受哪些因素影响？

番茄根系由主根、侧根和不定根 3 部分组成。在主根和侧根的根尖部分都密布着根毛，负责吸收水分和矿物质；不定根是培土后由茎基部长出的呈发状的根，也具有吸收营养和固定的作用。

主根和侧根主要分布在 30～40 厘米深的耕层内，最深可达 1.5 米，横向分布直径可达 2.5 米。根系一面生长延伸，一面不断分枝，再生能力很强，但根系的生长受到许多因素的影响，在实际的生长过程中，根系的深度和广度主要受下列因素影响：

（1）**土壤结构。**深耕、疏松的土壤或沙质土壤中，根系生长的阻力小，根群分布大而广。

（2）**土壤温度。**地温在 20～25 ℃时，根系生长旺盛；地温低于 8 ℃或高于 35 ℃时，根系生长受到影响；地温在 10 ℃时，根系虽能生长，但功能较差，生长缓慢。

（3）**土壤肥力。**根系在肥沃土壤中生长速度快，分枝能力强，根群庞大。

（4）**土壤水分。**土壤的含水量对根系生长影响较大，土壤湿润时根系趋向于汇集在地表部分，土壤干旱时根系则趋向于下扎土壤深层部分。

（5）**植株生长状态。**植株地上部分和地下部分的生长具有相关性，所谓"根深叶茂，本固枝荣"。

（6）品种类型。一般而言，晚熟的、生长期较长的品种根系旺盛，根群大；相反，早熟、生长期短的品种根群较小。

6. 番茄的茎有哪些特性？

番茄为草本植物，茎的木质部不发达，木栓化程度比较低。番茄幼苗期由于叶片少且小，节间短，负担不大，因此可以呈直立生长，但株高达到30厘米后，其叶片增多、增大，花果也逐渐出现，柔软的茎难以支撑起较大的重量，便呈匍匐蔓生状态。匍匐茎会影响通风透光，因此，番茄在开花后就应该采用吊蔓的方式引导植株向上生长，并进行整枝。生产中也有极少数品种为直立型的，即生长期间不用吊蔓。

茎的主要作用是支持地上部，也负责把根所吸收的原料物质和叶片所产生的有机物质向体内各部分运输。另外，番茄茎还可以进行光合作用，但光合强度远不及叶片。

番茄茎分枝能力强。番茄出现花序后，顶端优势有所减弱，其花序以下的侧芽即生长为侧枝，侧枝上的侧芽也能发育成新的侧枝，如果任其生长，整个植株则会成长为枝叶混乱而茂密的株丛。因此，在生产中大多数品种需要整枝打杈，目的是为了减少植株养分消耗和所占空间，便于植株间通风透光。

7. 番茄的叶有哪些特性？

番茄叶片为单叶，叶轴上生有裂片，呈羽状深裂或全裂，植物学上称奇数羽状复叶，根据叶片形状和缺刻的不同，可分为3种类型：

（1）花叶型。花叶型也称为普通叶型，叶片缺裂深，裂片大小差异明显，裂片之间距离较大，叶片较长，多数番茄品种具有这种类型叶片。

(2) 皱叶型。 叶片宽短，叶缘微翻卷，叶轴上的裂片紧凑较小。一般叶片皱缩、叶色浓绿的直立类型品种的叶片多属此类。

(3) 马铃薯叶型。 俗称"土豆叶"。叶片大而长，裂叶稀少，裂片间的大小差异不如花叶型显著，叶缘无缺刻。

番茄叶片与茎相同，散发特殊气味，很多害虫对这种气味的汁液有忌避性，可以利用这一特性将其与某些蔬菜间作、套种以减轻虫害。

8. 番茄的花有哪些特性？

番茄的花为雌雄同花，属于完全花，每朵花从内到外的组成为：雌蕊（包括子房、花柱和柱头）、雄蕊、花瓣和萼片，花柄位于子房的下方。

花朵颜色为黄色，萼片为绿色，每朵花有 5～7 个花瓣，花瓣的颜色随着花开放的程度不同而发生深浅变化，初开放的蕾为浅绿色（有的品种为淡紫色），盛开时为亮黄色，谢花时为黄白色。

番茄属于自花授粉作物，由于环境条件不适宜易造成花粉发育不良或花粉散出困难，进而影响到坐果，因此，在生产中可采用施用外源生长调节剂或熊蜂授粉的办法来辅助番茄坐果。

9. 番茄的花序有哪些特性？

番茄花序是由顶芽演变而成，一般品种的花序由几个花朵组成，属于总状花序。花朵着生于一个总花梗上称为总状花序或单花序，总状花序每序一般 5～8 朵花。如果花梗分权，花朵着生在 2～3 个分权的花梗上，称为复总状花序或复花序。同一栽培品种，花芽分化时在有利物质积累的条件下，如夜温低、肥力水平高等，易形成复花序，往往春播番茄第一花序易呈复花序；同一品种，在 6～8 月播种时，第一穗全为单花序，而冬春栽培的（8～9 月播种）常常第一穗为单花序，第二、第三花序为复花序。

第一花序位于第六至第七或第七至第八片叶之间，其后每隔 1～3 叶着生一花序。自封顶类型和早熟品种一般间隔 1～2 片叶着生一个花序，无限生长类型和晚熟品种花序间间隔一般为 3 片叶左右。

10. 什么是番茄花芽分化？

花芽分化指的是花原基（花的原始状态）出现的过程，是植株生殖生长的开始。高产栽培技术中一直强调培育壮苗，是因为番茄在苗期时就开始进行花芽分化，花芽分化的好坏决定了番茄的坐果率高低及产量的多少。番茄从进入 2 片真叶期就开始花芽分化，只是我们肉眼无法观察。

花芽分化早又快，且是连续进行的，这是番茄花芽分化的主要特点。在适宜的外界条件下，一般分化一朵花需要 3 天，分化一穗花需要 15 天左右。第一花穗分化 3～4 朵花时，第二花穗的第一朵花开始分化，然后两个花穗同时进行花芽分化。花芽分化早的花，开花也早，所以我们可以从植株上花朵开放的顺序来判断其花芽分化的顺序。

11. 畸形花是如何形成的？影响番茄花芽分化的因素有哪些？

畸形花又称为"鬼花"，是由花器官生育异常造成的。畸形花的主要成因是不良环境因素影响花芽正常分化，这些因素包括：育苗期间温度过低或过高或骤高骤低，干湿不当、氮肥过足以及存在有害气体等。

（1）温度。一般花芽分化期正常温度为白天 22～25 ℃，晚上 12～15 ℃。温度过低，特别是长时间温度过低（低于 10 ℃），会造成花芽分化不良。低温冷凉季节，苗期及定植期正值番茄花芽分化阶段，要通过及时使用地热线、合理起落保温被等措施确保花芽分化时理想的环境温度。

（2）水分。育苗期土壤水分不能过高，过高秧苗容易徒长，但也不能过低，否则容易引起植株生长不良，影响开花数量与质量，进而造成"花打顶"和"落花"现象。生产中应保持土壤"见湿见干"，即用手轻攥一把土壤，能够成团，打开后晃动，能够散团，扔到地下能散开，而不至呈饼状；也可以通过观察早晨秧苗是否正常"吐水"判断秧苗是否缺水。

（3）肥料。秧苗花芽分化期，需要充足的养分供给，脱肥或供养不平衡会导致花芽分化不良。苗期选择平衡类肥量，按"少量多次"原则，待秧苗开始长真叶后，"由少到多"逐渐补充秧苗所需营养元素。可选择的产品有甲壳素、磷酸二氢钾、氨基酸硼钙等叶面肥，选择其中一种或者两种复配进行叶面喷雾，促进花芽分化。

（4）光照。番茄在整个生长周期都需要较强的光照，弱光条件下花芽分化不良。当出现连续阴雪天气时，可以采取适当的补光措施进行补光以确保花芽分化时理想的光照环境。

12 番茄种子有哪些特性？如何延长种子使用寿命？

番茄的种子呈扁平卵形或心脏形，颜色呈灰褐黄色，大多数种子表面覆以茸毛。种子由种皮、胚乳和胚组成。番茄的种子较小，长约 4.0 毫米，宽约 3.0 毫米，厚约 0.8 毫米，千粒重 2.7～4 克，生产用种的寿命 2～3 年，若在低温、干燥条件下保存，种子寿命可达 10 年以上。

番茄种子使用寿命主要取决于采种技术和种子贮藏条件。番茄采种时，种子酸化要高温速成，最好是在 35～40 ℃的高温下，酸化 2 天后洗种。酸化洗净的种子应先阴干，再晾干，不要直接暴晒。种子保存年限与存放的容器和数量有直接关系。真空铝箔袋包装可延长使用寿命。种子应保存在低温、干燥、阳光不直射或不透光的条件下。保存种子的最低温度为 2～3 ℃。

13. 番茄果实有哪些特性？

番茄的果实由子房发育而成，子房上位，为多汁浆果，其形状、大小、颜色等都因品种不同而异。

(1) 果实的发育和构造。番茄果实在受精后开始发育，从授粉到受精约需 48 小时，子房于受精后 3～4 天开始膨大，授粉后 35 天种子开始有发芽力，但胚的发育在授粉后 40 天左右完成，一般授粉后 40～50 天种子发育完成，具有正常发芽力，种子完全成熟是在授粉后 50～60 天。

番茄果实由果皮部（外果皮、中果皮、内果皮组成）、心室隔、心室、胎座、种子等组成，中大型果实一般为 3～7 个心室，樱桃番茄品种多为 2～3 个心室，心室内充满胎座组织和包着果胶的种子。

(2) 果实形状。番茄果实的形状多种多样。按果形指数（果实的纵径比横径），分为扁圆形（果形指数＜0.70）、高扁圆形（果形指数为 0.71～0.85）、扁圆球形（果形指数为 0.85～1.00）和长圆形（果形指数＞1.01）；按果实形状，可分为扁柿形、枣形、梨形、桃形、苹果形、牛心形、樱桃形等。生产上栽培番茄多数为鲜食品种，都属于扁圆形到扁圆球形，一般的小果型加工专用品种则属于长圆形或梨形。

多数果实的外表平滑无棱，而有的品种则棱沟深陷，特别是多心室的子房发育成的果实往往多棱，在过去的几十年，多心室属于不良的性状，会导致番茄商品性降低。近些年，欧美国家育成的一些口感较好的番茄属于多心室果实，且具有一定的观赏性。因此关于果实心室和外观问题不能一概而论，生产者还需根据市场的情况来选择适宜的品种。此外，果实的形状也因栽培条件不同和果实发育的好坏而有较大差别。

(3) 果实大小。 番茄果实的大小差别较大，这是区分品种的重要依据。根据果实的单果重，可将番茄分为大果型、中果型和小果型品种。一般来说，大果型番茄单果重在 200 克以上，中果型番茄单果重为 100～200 克，小于 100 克的为小果型品种。对果实大小的喜好，各地不一。过去几十年，我国大部分地区喜欢中果型以上的品种，但随着人们生活水平的不断提高，近些年，小果型番茄也逐步受到消费者的青睐。

(4) 果实颜色。 未成熟的番茄果实为绿色，这是由于果肉细胞中含有大量叶绿素。在果实成熟的过程中，果实的成分会发生许多重要变化，如淀粉降解为葡萄糖和果糖；叶绿素消失，β-胡萝卜素、番茄红素等色素形成；细胞壁软化，而可溶性果胶增加；香味化合物产生；柠檬酸、谷氨酸增加，苹果酸减少。其中果实的颜色会发生质的变化。传统的食用番茄品种，果实成熟后主要有大红色、粉红色、橙色、金黄色、淡黄色等。近些年，通过育种家的努力，最新培育出了许多颜色奇特的番茄，如有些鲜食采摘的品种，果实成熟后仍为绿色，还有些番茄果品上带有绿色的花纹，俗称"油彩条"，这些新的品种类型不断地为番茄家族增添新的色彩。此外，番茄未成熟果的色泽也因品种不同而有差异，有的品种在果蒂周围有一圈绿色，称为绿果肩，口感好的许多品种都有绿果肩；另一些品种则无绿果肩，但其成熟时色泽一致，故加工品种多选用无绿果肩品种。

番茄果实颜色的形成与光照和温度密不可分，红色是由番茄红素所致，黄色是由胡萝卜素、叶黄素所致，番茄红素、胡萝卜素和叶黄素的形成与光照和温度高度相关，另外，这些色素的形成也受基因调控，与品种特性也有很大关系。

果皮的颜色一般与果实的品种有关，红色果实一般果皮较厚，不易裂果，粉红色果实果皮相对较薄，容易裂果。黄色和橙黄色果实外观好看，有的果皮较厚，有的相对较薄。

14 番茄生长发育周期一般可分为哪几个时期？

番茄的生长发育过程有一定的阶段性和周期性，大致可分为发芽期、幼苗期、开花坐果期和结果期。

（1）发芽期。 从种子萌动到第一片真叶破心为发芽期。在适宜条件下，这一时期需 10～14 天。种子从开始发芽到子叶展开属于异养生长过程，其生长所需的养分由种子本身供应。子叶出土后 2～3 天即可展开变绿，幼苗生长从此由异养转为自养。

（2）幼苗期。 从第一片真叶破心到现蕾为幼苗期。一般需 45～55 天。幼苗期经历两个阶段：从真叶破心到 2～3 片真叶展开为基本营养阶段。这一阶段子叶和真叶生长的情况直接影响番茄进一步的生长发育。因此，在生产中，促使子叶和真叶健壮肥大，防止子叶过早脱落非常重要。2～3 片真叶展开后，进入花芽分化阶段。这一阶段番茄花芽的分化及发育与幼苗的营养生长同步进行。这一时期的管理非常重要，既要保证一定的营养生长，还要为番茄的花芽分化创造适宜的条件。花芽分化主要受环境条件的影响，特别受温度和光照条件的影响较大。在正常情况下，早熟品种 6～7 片真叶、中晚熟品种 8～9 片真叶展开时，第一花序开始现蕾，前 3 穗果的花芽分化也基本完成。

（3）开花坐果期。 从现蕾到第一花序坐住果为开花坐果期。一般需 15～30 天。是番茄以根、茎、叶营养生长为主，逐步过渡到生殖生长与营养生长并行的转折时期。一方面根、茎、叶生长旺盛；另一方面植株陆续进入开花坐果阶段。开花坐果期是番茄生产管理最重要的时期。这一时期管理的重点就是通过合理的水肥调控，使营养生长与生殖生长达到一个比较协调的平衡状态，使秧果均衡生长，达到早熟、丰产的目的。

（4）结果期。 从第一花序果坐住到结果结束（拉秧）都属结果期，是果实膨大至成熟的过程。番茄在连续开花、陆续结果方面表现突出。当第一花序坐果较大时，第二花序开始坐果并陆续开花，此时第三花序正值始花期。只要条件适宜，无限生长类型的番茄会一直开花并坐果，我国的生产中一般保留 5～6 穗果就打顶，日光温室冬春茬生产最多可留 14～16 穗果，欧美一些国家采用工厂化生产模式，一年若种植一茬，则每株最多可留40～45 穗。因此，这一时期要保证水肥充足，及时打掉侧枝，适时摘心，适当疏果，保证养分的合理流向。

15. 番茄健壮生长对温度有什么要求？

番茄属喜温性蔬菜，但在果类蔬菜中相对较耐低温，不耐高温，番茄果实发育所需的有效积温为 800～1 000 ℃。总体来讲，适宜番茄生长发育的温度是 10～30 ℃，在月平均温度为 18 ℃的季节里生长良好。当气温低于 10 ℃时，生长速度缓慢；低于 5 ℃时，生长停止；0 ℃以下有受冻可能，但是经过耐寒训练的番茄苗，可短时间耐－2 ℃。长时间处于 1～5 ℃的低温环境，番茄虽然不会冻死，但仍会受到冷害胁迫，植株长势变弱，生长停滞；弱苗在 1 ℃左右时也有受冻可能。当气温高于 30 ℃时，植株同化作用显著下降，生长量减少；温度达 35 ℃时，生殖生长受到破坏，花粉发育不良，不能坐果；温度达到 35～40 ℃时，植株生理状态失去平衡，并易诱发病毒病。

在番茄的生长中，有不同的发育阶段，每个发育阶段的要求各不相同，如营养生长适宜的环境温度范围为 10～25 ℃，生殖生长适宜的环境温度范围是 15～30 ℃。土壤温度以 20～22 ℃最佳，番茄根系可以忍耐的土壤温度最高上限为32℃，低于12℃时，根系机能下降。具体要求如下：

（1）种子发芽期。 种子发芽的适宜温度是25～30℃，在28℃下发芽最快，一般情况下，正常种子可在48小时开始发芽，高于30℃时，虽然出芽快，但幼苗细弱，一般品种在32℃以上时停止发芽；低于25℃时，发芽速度缓慢，出芽期推迟，当温度降到11℃以下时停止发芽，且种子容易腐烂，因此，11℃为种子发芽的低温极限。

（2）幼苗期。 番茄刚出苗时，是温度管理的低温时期，这时适宜的气温管理为白天20℃，夜间10～12℃。此时是防止幼苗徒长的关键时期，如果温度过高，尤其是夜温高，下胚轴则快速伸长，易形成"高脚苗"。待真叶长出后，为促进真叶生长，应逐渐提高温度，白天气温控制在22～23℃，夜间控制在12～13℃。这一时期的生长要为以后的花芽分化打下物质基础，如果温度过低，生长量将会减少，则花芽分化的日期推迟，夜温低时，出花节位降低，反之则节位升高。待真叶长至2～4片后，花芽分化即将开始，这是非常重要的生理时期，温度一定要确保满足花芽分化的要求，这是因为温度对花朵数、花朵大小、花形状等有显著影响，即影响花的数量和质量，进而影响到将来的果实数量和质量。这段时间适宜气温为15～25℃，夜间不低于15℃，白天不高于25℃。花芽分化与花芽发育的适宜气温是夜间15～17℃，白天23～25℃，昼夜温差为（8±2）℃。如果夜温低于15℃，花芽生长速度慢，特别是昼夜温差大时，花朵变大，萼片数、花瓣数、雄蕊数增加，子房亦增大，花序变成复花序；如果温度更低，则影响花芽分化，易形成畸形花。一般加工品种和小型番茄品种很少形成畸形花，大型番茄品种则更易形成畸形花。

（3）开花坐果期。 植株在开花坐果期对温度反应比较敏感，白天以20～28℃、夜间以15～20℃为适宜。此时不仅营养生长旺盛，生殖生长也逐渐增强，需要大量同化产物。尤其在开花前5～9天、开花当天及开花后2～3天内要求更为严格，温度过低（15℃以下）或过高（35℃以上），花芽分化延迟，每一花序的花朵数量减少，花朵也较小，并且容易脱落，影响将来的授粉与受精，从而影响坐果率和果实品质。

（4）结果期。 番茄结果期最低温度为5℃，最高为35℃，而最适温度为20～25℃。在结果期番茄生长发育最为旺盛，要求大量同化产物。另外，番茄果实的膨大需要一定昼夜温差，此时要求白天适温是28～30℃，前半夜夜温16～18℃，后半夜夜温12～13℃，利于果实成熟和着色。在结果期，如果气温高于32℃，则果实发育加快，但是落果数也会相应增加，且番茄红素的形成会受到抑制，影响商品的营养品质。

16 番茄健壮生长对光照有什么要求？

番茄是喜光性蔬菜，在栽培中必须保持良好的光照条件才能维持其正常的生长发育，最终获得较高的经济产量。在一定范围内，光照越强，光合作用越旺盛，生长越好，产量越高，反之，易造成营养不良而落花。

苗期光照充足，有利花芽早分化及早显花，若光照不足，花芽分化则大大延迟；结果期光照不足则会影响果实的膨大，因此，在设施番茄栽培中，应保持玻璃或塑料薄膜的清洁，改善苗期受光条件，否则容易造成由于光照不足而影响果实正常发育的情况。但是光照过强又会造成日灼病和病毒病的发生，如以往在北京地区番茄露地生产中，到结果期时，因为病毒病造成的坏果现象较常见，日灼病也常见，在近几年的设施栽培中，也偶有因光照过强而出现日灼病的情况，因此，在夏季设施生产中，应在6～8月采用遮阳措施，一方面是为降低棚室内的温度，另一方面也是为了减少强光对果实的影响。

17. 番茄健壮生长对水分有什么要求？

水分是番茄的重要组成部分，果实中有 90% 以上的物质都是水分。水同时也是光合作用的主要原料和营养物质运转的载体。但番茄属半耐旱植物，栽培过程中对水分的要求并非十分严格，其适宜的空气相对湿度为 50%～60%，如果空气湿度过高，易引起多种真菌性、细菌性病害发生，也会影响自花授粉和受精作用。

番茄对土壤湿度的要求在不同生育时期不同。苗期对土壤湿度要求不高，一般为 65% 左右，如果土壤含水量过大易造成幼苗徒长，同时会导致根系发育不良。幼苗期为避免徒长和发生病害，应适当控制浇水。但进入结果期后，需提高土壤水分含量，如果土壤水分不足，会影响到单果重。另外，第一花序果实膨大生长后，枝叶迅速生长，茎叶繁茂，蒸腾作用较强，蒸腾系数为 800 左右，需要增加水分供应，尤其到了盛果期更需要大量水分供应，土壤湿度应达 80%。土壤水分含量变化不均匀时，如忽干忽湿，则容易形成裂果，影响果实的商品性，从而影响效益。

18. 番茄健壮生长对土壤有什么要求？

番茄根系发达且再生能力强，吸收能力也很强，因此对土壤要求不严格，适应能力较强，最适宜在土层深厚、排水良好、富含有机质的肥沃土壤中生长。

番茄对土壤通气条件要求较高，植株的根系比较发达，主要根群分布在耕作层内，所以较疏松的土壤有利于根系的发育，当土壤含氧量下降到 2% 左右时，植株就会枯死。因此，番茄应尽量避免在排水不良的黏壤土上种植，这种土壤易造成番茄生长不良。

对土壤 pH 的要求为 5.6～6.7，即中性或弱酸性土壤。在微碱性土壤环境中，幼苗生长速度缓慢。

土壤溶液浓度不宜过高。土壤溶液浓度过高，则渗透压增高，造成植株体内养分、水分向根外转移，导致植株生理失调或死亡。

19. 番茄健壮生长对矿物质有什么要求？

在各种果类蔬菜中，番茄是需肥量较大的作物之一。番茄在生长发育过程中，需要吸收大量的营养元素，除氮、磷、钾、钙、镁、硫等大量元素外，还要从土壤中吸收硼、铁、锌、锰等微量元素才能获得高产。有研究表明，亩产 5 000 千克番茄需要吸收氮 17 千克、磷 5 千克、钾 26 千克，但番茄在不同生育期、不同栽培方式下对营养的要求是有差异的。

为了满足番茄对这些养分的需求，除了植株本身从土壤中吸收部分营养元素外，还要通过人为追施有机肥和化肥来补充。有研究表明，番茄结果期对各元素的吸收比例是氮（N）：磷（P）：钾（K）：钙（Ca）：镁（Mg）为 1：0.3：1.8：0.7：0.2。

从上述比例可以看出：番茄对钾的需求量最大，其次是氮，然后是钙、磷、镁。其中，值得注意的是，植株生长发育过程中对钙和镁都有一定的需求，生产中要根据实际情况适量补充。

20. 番茄健壮生长对气体条件有什么要求？

番茄对气体条件的要求主要表现为对二氧化碳的要求。自然条件下，空气中的二氧化碳浓度约为 380 克/米^3。而设施栽培中常常由于不能及时通风换气而使二氧化碳浓度降低，有时可降至 100 克/米^3 以下，使植株处于光合饥饿状态。试验证明：设施增施二氧化碳肥，当浓度达到 900～1 200 克/米^3 时，番茄生长旺盛，着花数增加，开花提前，产量提高。

第三部分

番茄的种子与品种选择

21. 番茄的品种类型有哪些？如何分类？

番茄品种很多，特别是近几年国外品种的大量引进，生产上出现了不少新的品种和类型。品种可以按照植物学分类、生育期分类，也可按照栽培用途分类，通常有以下几种：

（1）植物学分类。 把生产上使用的普通番茄种（番茄属）分为5个变种：

普通番茄：植株茁壮，分枝多，匍匐型，果大叶多，果形偏圆，果色可分大红、粉红、橙红、黄色等。该变种包括绝大多数的栽培品种。

直立番茄：茎短而粗壮，分枝节短。产量较低，栽培很少。

大叶番茄：叶片大而无缺刻或深裂，似马铃薯叶，也称薯叶番茄，果实与普通番茄相同。

樱桃番茄：果实较小，果径约2厘米，圆球形或椭圆形，每一果穗挂果20多个，有的多达60个，果色红、橙或黄，形如樱桃。植株强壮，茎细长，叶片较瘦小，叶色淡绿。

梨形番茄：果实较小，果形特殊，柄部细小，顶部粗大，似梨形。

（2）分枝习性分类。 把栽培品种分为有限生长型（自封顶）和无限生长型（非自封顶）两大类。

有限生长型：植株长到一定节位后，通常3～5穗果后，以花序封顶，故称"自封顶"，此类品种结果期比较集中，生长期较短，适宜早熟栽培，但适应性、抗逆性较差，产量也较低。

无限生长型：主茎顶端不断开花结果，只要环境适宜，可无限生长下去，不封顶。此类品种生育期长，植株高大，果型也大，多为中、晚熟品种，适应不良环境的能力较强，抗病性好，产量也高。

（3）栽培用途分类。 根据栽培用途分类可以分为普通鲜食和加工番茄 2 种。

普通鲜食类：涵盖普通栽培的大果型、中果型品种和樱桃番茄品种，大中型果品种果型大、产量高、品质好、销量大、抗性强，生产上栽培多。樱桃番茄果型小、早熟、抗性强，可以作为水果销售，近几年受到广大消费者的追捧。

加工番茄类：多为有限生长型品种，生育期短、成熟快，多为矮架栽培或无支架栽培，适宜一两次集中收获，或机械化种植和采收，多为加工基地集中种植，适宜露地种植。对作为加工用品种的要求是丰产和抗性强，加工番茄的果实专门用于制作各种番茄罐头，其果实中一般含有可溶性固形物，包括可溶性糖和可溶性有机酸等共 5％左右，每 100 克果实中含番茄红素 8 毫克、维生素 C 10～20 毫克。与鲜食番茄品种相比，加工番茄品种一般表现为可溶性固形物和番茄红素含量较高，果皮坚韧，不易裂果，耐贮藏，耐运性较好，果实较小，果实各部分红度比较均匀。

22. 国内有哪些番茄优良品种系列？

目前，可供选择的国内外番茄品种非常多，种植者可以根据不同的目的和用途进行选择。

（1）粉果番茄。

① 仙客 8 号。无限生长型，中熟，无绿肩，成熟果粉红色，

高硬度、果皮韧性好，耐裂果性强，商品果率高。含有 Mi 抗线虫基因，同时对番茄花叶病毒病、叶霉病和枯萎病具有复合抗性。在根结线虫危害严重的地区种植效果更明显。单果重约200克。

②硬粉8号。粉色硬肉、耐运输番茄一代杂交种。无限生长，中熟偏早。果形周正，以圆形或稍扁圆形为主，未成熟果显绿果肩，成熟果粉红色，平均单果重200克，大果可达300～400克。果肉硬，果皮韧性好，耐运输性强，商品果率高。夏秋高温季节坐果习性较好。叶色浓绿、植株不易早衰。适合夏秋茬塑料大棚及麦茬露地栽培。

③中研988。高秧无限生长型，早熟，粉红果，单果重300～350克，植株生长旺盛，抗病性强，可连续坐果17穗以上，且果个大小基本一致。植株长势强，果实大，丰产性好是该品种的突出特点；果实密度大，与同样果个大小的品种相比，单果重增加20％，果皮厚，耐贮运，商品性好是该品种的显著特点；适应性广、抗逆性强、耐低温弱光能力强；高温季节露地种植表现优良，果实膨大迅速，裂果极少，产量高，高产地块亩产达15 000千克。适宜设施或兼露地栽培。

④金冠58。杂交一代，植株无限生长型，生长势强，抗病性好，属中早熟品种，叶片较稀，叶量中等，在低温弱光下坐果能力强，成熟果粉红色，色泽鲜亮，果形高圆形，果实无绿肩，大小均匀，外形美观，单果重250～300克，最大可达800克，亩产可达10 000千克以上。该品种果皮厚，果肉较硬，耐贮耐运，货架寿命长，口感风味好。

（2）红果番茄。

①红杂40。植株无限生长类型，生长势强。果实高圆形，幼果有绿色果肩，成熟果红色，单果重200克以上。可溶性固形物含量为5.3％～6％，番茄红素含量为102～105毫克/千克。果实较紧实、抗裂。中熟种，适宜设施或露地栽培，亩产量达

5 000千克。

② 佳红 4 号。无限生长型,抗番茄花叶病毒病、叶霉病和枯萎病。中熟偏早,果形周正以圆形为主,单果重 130～180 克,未成熟果无绿果肩,成熟果光亮、红色,商品性好。果肉硬,耐贮运。适宜设施或露地栽培。

③ 佳红 5 号。无限生长型,抗番茄花叶病毒病、叶霉病及枯萎病。中熟。果形周正,稍扁圆,单果重 130～150 克。未成熟果无绿果肩,成熟果亮红美观、均匀整齐,商品性好。果肉硬、耐贮运,果皮韧性好、裂果少,可成串采收。适宜设施及长季节栽培,兼露地栽培。

④ 格雷。无限生长型品种,早熟,生长势旺盛。耐热性强,在高温、高湿下坐果性好。适合于北方早春、早秋日光温室和大棚越夏栽培,也适合南方高海拔露地越夏栽培。果实大红色,微扁圆形,中大型果,单果重 200～220 克。色泽鲜亮,质地硬,耐运输,适合出口和外运。抗番茄花叶病毒病、叶霉病、斑萎病毒病、黄萎病和枯萎病。

⑤ 丰收。无限生长型品种,植株长势均衡,中早熟,耐寒性好,丰产性好。适合北方早春、早秋、秋冬日光温室栽培和南方露地越冬栽培。果实大红色,微扁圆形,中大型果,单果重 200～240 克。果实硬,耐运输、耐贮藏。抗番茄花叶病毒病、番茄黄化曲叶病毒病、叶霉病、黄萎病、枯萎病和根结线虫病。

⑥ 百利。从荷兰引进的硬果型番茄品种,无限生长型,早熟,生长势较旺,坐果率高,耐热性强,在高温、高湿条件下也能正常坐果。大红中型果,微扁圆形,单果重 140～200 克,色泽较鲜艳,口味佳,正常栽培条件下不易裂果,青果肩少,较耐运输贮藏,适合出口和外运。较抗烟草花叶病毒病和筋腐病,但对青枯病、枯萎病抗性一般,连作地宜采用嫁接换根栽培。

(3) 抗番茄黄化曲叶病毒病系列番茄。

① 浙粉 702。浙江省农业科学院蔬菜研究所选育的杂交一代

番茄品种。早熟，无限生长类型，抗番茄黄化曲叶病毒病、叶霉病、番茄花叶病毒病和枯萎病；幼果无绿果肩，成熟果粉红色，单果重250克。果实高圆形，商品性好，耐贮运。适应性广，稳产高产。适合秋季、冬春季南方大棚和北方日光温室、冷棚及露地栽培。

②迪安娜。以色列品种，抗黄化曲叶病毒病，早熟粉果番茄，无限生长型，生长势强，果实硬，耐贮运，萼片平展美观，连续坐果能力强，单果重220～260克，综合抗病能力强，适宜日光温室秋延后、越冬及春提前栽培。

③粉红太郎3号。粉红色番茄，早熟性好，植株无限生长，生长势较强，果实成熟后颜色靓丽，硬度较好，单果重220克，果形高圆，果实品质很好，非常适合鲜食，抗叶霉病、根结线虫病和黄化曲叶病毒病。

④瑞粉882。无限生长型品种，中早熟，丰产性强，坐果好。适合早秋、早春日光温室栽培。果实圆形微扁略带棱、粉红色、口味好、中大型果，单果重200～230克，果实较硬。抗番茄花叶病毒病、黄化曲叶病毒病、叶霉病、枯萎病、根腐病、灰叶斑病、黄萎病及线虫病。该品种适合北方早春、早秋季节温室种植，早秋栽培6月下旬至7月上旬播种育苗，早春栽培10月上旬至翌年1月上旬播种育苗。可采用营养钵或营养块育苗。

⑤金鹏10号。抗黄化曲叶病毒病粉红番茄品系。属于金棚1号的改良品系。抗黄化曲叶病毒病，同时还抗番茄花叶病毒病，中抗黄瓜花叶病毒病，抗枯萎病和叶霉病，晚疫病、灰霉病发病率低，无筋腐病。果实商品性好。果实高圆，无绿肩，成熟果粉红色。果实表面光滑发亮，果脐小，畸形果、裂果较少。果实硬度优于金棚1号，耐贮运，货架寿命长。果实大小均匀，单果重200～250克，风味好，商品率高。植株生长势较好，连续坐果能力强于金棚1号。

⑥金鹏11。无限生长粉红型番茄新品系，属于金棚M6的

改良类型，抗黄化曲叶病毒病，抗南方根结线虫病，同时还抗番茄花叶病毒病、枯萎病和叶霉病，中抗黄瓜花叶病毒病，晚疫病、灰霉病发病率低。果实商品性好。果实高圆，果面发亮，果形好，果脐小，一般单果重200～250克，果实均匀度较高。果实硬度、货架寿命显著优于金棚M6。植株长势好，早熟，前期产量高，连续坐果能力优于金棚M6。适宜在黄化曲叶病毒病流行地区中的日光温室、大棚越冬、春提早栽培。

⑦ 方舟。无限生长型品种，中熟，丰产性强，坐果好。适合早秋、早春日光温室栽培。果实圆形微扁、红色、口味好、中大型果、单果重200～230克，果实硬，耐运输、耐贮藏。抗番茄花叶病毒病、黄萎病、枯萎病、线虫病。

⑧ 欧官。抗黄化曲叶病毒病、抗根结线虫病，无限生长型，中早熟，果色粉红，果形圆形略扁，果皮坚硬，特殊运输，适宜长途运输和贮存。品种果实大小均匀，平均单果重250克。无青皮，无青肩，无畸形，不裂果，不空心，该品种植株长势旺盛，连续坐果能力极强，可连续坐果10～12穗而不早衰，每穗开花7～8朵，而且整齐一致，长季节栽培增产效果极显著。

⑨ 名智。抗番茄黄化曲叶病毒病品种，无限生长型，早熟性好，颜色靓丽，果蒂小，商品性好，果实圆形，单果重220克，最大果280克以上，高硬度，耐贮运，耐裂果，优质果率高，适合北方设施秋延后和春提早栽培，耐根结线虫病。

(4) 串收番茄。

① DRC1009。由荷兰引进，中早熟品种，果实为深红色圆形，均匀整齐，成串采收。口感好，耐运输，产量高。抗根结线虫病、番茄花叶病毒病、黄萎病等。适合设施早春、秋延、越冬栽培，单果重约45克。

② 红罗曼。北京市农林科学院蔬菜研究中心育成的无限生长型早熟杂交品种，长势旺盛，单果重100～120克，每穗挂5～9个果，果形长，果色亮红，鲜食味佳，番茄红素含量高，无

绿肩，抗裂性强，可成串采摘，切片无汁溢出，货架期为3周，抗烟草花叶病毒病、黄萎病、枯萎病1、2号、根结线虫病和番茄白粉病。每亩定植2 000～2 200株，适宜越冬温室、秋延迟或春夏大棚种植。

③佳丽14。无限生长型，中早熟杂交品种，长势旺盛，单果重180～250克，每穗可挂果5～6个，果形苹果形，果色深红亮丽，无绿肩，耐热性好，硬度好，商品性好，长货架7周，抗烟草花叶病毒病、黄萎病、枯萎病1、2号，高抗番茄黄化曲叶病毒病和番茄斑萎病毒病，每亩定植1 800～2 200株，适宜越夏、秋延、早春大棚及南方露地种植。

（5）樱桃番茄。

①红太阳。植株生长属于无限生长型，中早熟。第一花序着生在第6～7节，花序间隔3节，叶绿色。果实成熟后变红，圆形果，果肉较多，口感酸甜适中，风味好，品质佳，抗病性强，坐果多，平均单果重15克。适宜设施冬、春、秋季栽培，种植密度为每亩2 200株。

②维纳斯。植株生长属于无限生长型，中早熟。第一花序着生在第6～7节，花序间隔3节，叶绿色，茎秆粗壮，枝叶繁茂。果实成熟后果色变为橙黄色，圆形果，果皮较薄，果肉较多，口感甜酸适度，鲜食时有特殊的甜香味，风味好，品质极佳，抗病性较强，坐果多，平均单果重17克，适宜设施冬、春、秋季栽培。种植密度为每亩2 000株。

③黑珍珠。从德国引进的黑紫色番茄一代杂交种，植株无限生长型，中熟，从定植到初次采收为60～65天，植株生长健壮，连续结果性较强，每穗结果10个，果实为圆球形，红黑色，单果重20克，外形大小和颜色与巨峰葡萄相似，口感酸甜适度、具有浓郁的番茄味，特别适合鲜食。适应性广，耐热性较好，抗寒性中等，抗叶霉病、晚疫病。适合在全国各地的设施和露地种植。在春设施栽培种植中单株产量3～5千克，每亩产量一般在

4 000～5 000 千克。

④ 京丹 6 号。番茄树专用品种，无限生长型，中熟。主茎第 7～8 片叶着生第一花序，总状和复总状花序，每穗花朵数 7～20 个。果实圆形稍显尖，未成熟果有绿果肩，成熟果红润光亮，果肉硬，抗裂果，每穗留果 8～10 个时可整串采收，树式栽培条件下，单果重 13 克，果味酸甜浓郁，口感风味佳。高抗病毒病和叶霉病，根系发达，持续生长和结果能力强，12～28 ℃为生长适宜温度，在 6～35 ℃的温度范围内可周年栽培，京丹 6 号番茄树观赏性强，口感风味好，对休闲观光游客极具吸引力，是现代化科技园区、都市农家乐观光采摘园首选特色番茄品种。

⑤ 粉娘。由日本引进，无限生长型，早熟，圆球形，单果重 20～30 克，颜色深粉红，植株长势旺，生长特别健壮。耐热耐寒性高，硬度很高、货架期长、产量高、品质优秀、栽培容易。

⑥ 京丹绿宝石 2 号。京丹绿宝石 2 号是北京市农林科学院蔬菜研究中心培育的特色番茄一代杂交种，高抗病毒病和叶霉病，植株属无限生长型，生长势强。中熟，主茎第 7～8 片叶着生第一花序，总状和复总状花序，圆形果，幼果显绿色果肩，成熟果晶莹透绿似绿宝石。平均单果重 25 克，果味酸甜浓郁，口感好，品质佳，是设施栽培特色品种。

⑦ 摩斯特。圆形樱桃番茄，无限生长型，早熟，植株开展，果实红色，平均单果重 15 克，果穗排列整齐，既可单果采收也可成串采收，口味佳，适合北方早春、秋冬和早秋设施种植，也适合南方露地越冬栽培。抗番茄花叶病毒病、斑萎病毒病、黄化曲叶病毒病、叶霉病、枯萎病、黄萎病和根结线虫病。

⑧ 黄秀丽。中早熟品种，植株无限生长型，高抗番茄黄化曲叶病毒病。果实短椭圆形，橘黄色，口感较脆，单果重为 20～25 克，可溶性固形物含量 7%～8%。果皮厚，果肉硬度高，不易裂果，耐贮存和远距离运输。植株长势旺盛，耐热性好，耐寒性一般，易栽培，产量高。适宜在南方地区秋冬季露地和北方

高海拔山区夏秋季大棚栽培。

⑨ 红秀丽。中早熟品种，植株无限生长型，高抗番茄黄化曲叶病毒病。果实短椭圆形，鲜红色，番茄风味特别浓，单果重23～28克，可溶性固形物含量为7％。果皮厚，果肉硬度高，不易裂果，耐贮存和远距离运输。耐热性好，耐寒性一般，植株长势旺盛，产量高。适宜在南方地区秋冬季露地和北方高海拔山区夏秋季大棚栽培。

(6) 口感好的番茄。可溶性固形物含量是判断番茄口感的重要指标之一，高品质番茄品种一般要求大型果的可溶性固形物含量>6％，中型果>8％，樱桃番茄>9％。在此基础上，选产量高、果形周正、色泽均匀的品种。推荐品种有：

① 桃星。日本引进的大型果番茄品种。无限生长型，粉果，单果质量220～230克，畸形果少。果实较硬，耐贮运，可溶性固形物含量高，鲜食口感佳，对多种病害有复合抗性。

② 粉红太郎3号。日本引进的大型果番茄品种。早熟性好，植株无限生长型，生长势较强。青果时略有绿肩，果实成熟后颜色靓丽，单果重220～240克，果实高圆形。硬度较好，可溶性固形物含量较高，适合鲜食，抗叶霉病、根结线虫病和番茄黄化曲叶病毒病。

③ 原味1号。无限生长型，果实苹果形，单果重40～60克，粉红色。口感独特，汁浓酸甜，有番茄的独特香味，回味甘甜，可溶性固形物含量可达到11％。适合越冬、早春、秋延迟温室栽培。

④ 京采6号。北京现代农夫种苗科技有限公司育成品种。高抗番茄黄化曲叶病毒病、烟草花叶病毒病、叶霉病、根结线虫病等，综合抗性强，适应性强，配合适宜的管理措施可全年栽培。按普通管理可溶性固形物含量即可达到7％～8％，不用特殊管理就能出绿肩，可溶性固形物含量高，口感独特。

⑤ 京番308。北京市农林科学院蔬菜研究所育成品种。无限

生长型，果实苹果形，单果重100克左右，粉红色。口感独特，汁浓酸甜，有番茄的独特香味，回味甘甜。适合越冬、早春、秋延温室栽培。

⑥ 台友102。杂交一代大红番茄，无限生长型，果实偏扁，单果重200～220克，果实硬度好，耐贮运。抗叶霉病、枯萎病、黄萎病、根腐病和灰斑病等。

⑦ 味多美2号。无限生长型粉果番茄，生长势中等，早熟，含糖量、酸量均高，幼果青肩重，果实圆形，含糖量7%～8%，口感极佳，单果重100克，适合设施栽培。

⑧ 京采8号。高品质番茄新品种，无限生长，控水栽培单果重130～200克，未熟果有明显的条状绿肩，成熟果粉红色，口感细腻，酸甜可口，正常控水栽培糖度可达7%以上，特殊栽培糖度可达9%左右。该品种叶片深绿，长势较好，高抗番茄黄化曲叶病毒病，对根结线虫及叶霉病抗性强。

23. 如何购买到高质量的种子？

购买种子时应从以下几方面进行考虑：

（1）看种子公司是否有种子管理单位颁发的种子经营许可证、种子生产许可证及种子检验合格证。

（2）看蔬菜品种是否经过国家或地方品种审定委员会审定，如果是国外进口品种，是否经过1～2年试验种植。

（3）看种子包装袋上是否有种子生产单位、该品种特征特性、栽培方式、适宜栽培范围等说明，是否标有种子净度、纯度、含水量指标等种子质量标识。

（4）购买种子时要向经销商索要发票，注明购买品种名称和经营单位。

（5）进行发芽试验，如果发芽率较低，及时与销售方联系。

（6）严禁从游商处购买种子。

24. 如何判断种子质量的好坏?

番茄种子的质量主要取决于种子饱满度、发芽率、发芽势和种子纯度。

(1) 饱满度。也就是种子的饱满程度。一般用千粒重来表示,即 1 000 粒种子的质量。千粒重越大,说明种子越饱满。番茄种子的平均千粒重为 2.5～3.5 克。

(2) 发芽率。是指样本种子中可发芽种子占样本种子的百分数。质量较好的番茄种子的发芽率要求达到 90% 以上。

(3) 发芽势。指规定天数内发芽种子占供试种子的百分数。它是种子发芽速度、整齐度和发芽集中程度的量化指标。番茄种子发芽势测定中规定的天数为 5 天。

(4) 种子纯度。指符合本品种特征的株数占鉴定总株数的百分数。质量较好的番茄种子的纯度要求达到 95% 以上。

25. 种子如何贮存?

将购买的种子放入布袋,吊挂在阴凉、干燥、通风处,防止种子受潮;也可将种子密封后放入冰箱冷藏保存。特别是有包衣的种子,要远离儿童和家畜,避免产生毒害。种子保存时注意防潮、防蛀,避免与化肥农药等物品同放,以免影响种子发芽率。

第四部分

番茄壮苗培育

26. 育苗对番茄高产优质栽培有何意义？

番茄育苗指在苗圃、温床或温室里培育幼苗，以备移植至土地里栽种。育苗是番茄栽培的重要技术环节，特别是在高度集约化生产条件下，育苗的作用更为突出。

（1）**提高土地利用率。**在小面积土地上度过幼苗阶段，再定植到生产田，可以缩短生长周期，减少占地时间。

（2）**提早上市。**番茄属于喜温果菜，需终霜后才能在露地生长。提早在设施中育苗，将漫长的育苗期安排在非生产的季节里，就能够明显地提早露地或设施番茄的开花结果时间，达到提早上市的目的。

（3）**确保苗全苗壮。**番茄育苗期比较长，苗期病虫害发生也比较严重。番茄对环境条件要求也比较严格。露地直播栽培，由于田间环境难以控制，缺苗断垄现象往往比较严重，壮苗率也不高。育苗是在人工控制的小气候条件下进行的，育苗条件良好，有利于种子发芽和幼苗生长，容易培育壮苗。

（4）**节省劳力，降低生产成本。**通常培育 1 米^2 的番茄苗能移栽 15 米^2 的栽培田，用工量仅为露地直播的 30% 左右，可节省幼苗期管理的大量劳力。

27. 为什么说壮苗是丰产的关键？

壮苗同弱苗相比，有 4 个特点：

（1）**干物质含量高。**壮苗碳水化合物和含氮物质较多，为定植后植株的进一步生长提供了充分的物质基础。

（2）**同化面积大。**足够的叶面积为今后植株营养生长与生殖生长的协调进行创造了有利的条件。

（3）**再生能力强。**壮苗移栽后能较快地发生新根。

（4）**组织结构牢。**壮苗的保护组织和机械组织发达，表皮细胞的角质化程度较高，能减少水分蒸腾，防止病菌侵染。

壮苗定植后，表现为缓苗快、发棵快、抗逆性强、且花芽分化良好，定植后开花早、结果多、果实膨大快。因此，壮苗是夺取作物早熟、高产的关键。

28. 番茄常用的育苗方式有哪些？

目前，番茄生产上常用的育苗方式主要有冷床育苗、温床育苗、温室育苗和塑料棚育苗等。各育苗方式的应用情况如下：

（1）**冷床育苗。**冷床又叫阳畦或改良阳畦。冷床是只利用太阳能、不进行人工加温的简易设施育苗床。冷床温度条件较差，人工控制苗床温度能力较小，因此冷床育苗苗龄较长。冷床在华北地区可以作为露地番茄的播种苗床，也可作为移植苗床。在东北等高寒地区，为了培育早苗、大苗，生产上常在温室内冷床移植育苗。

（2）**温床育苗。**温床也叫"热窖"。它是在冷床基础上采用了人工加温技术的一种苗床。温床可以增温，因此，在东北地区 2～3 月就可以播种育苗。如果在设施内，可进一步提早育苗，为育苗创造更好的环境条件。根据人工加热的设备、原料和方法，温床分为酿热温床、火炕温床和电热温床。目前，常用的温床主要是电热温床，利用土壤电热加温线来实现苗床的加温。电热温床育苗所需时间可比冷床育苗缩短 20 天左右，且出苗整齐、秧苗质量好。

（3）**温室育苗。** 温室的保温效果好，冬季温室内的温度较高，易培育出适龄壮苗，是低温期主要的育苗设施。主要用来培育早春塑料大棚和冬春茬日光温室栽培的幼苗。温室育苗的主要缺点是投资较大，育苗的成本相对较高。

（4）**塑料棚育苗。** 塑料棚既是设施蔬菜栽培场所，又是理想的育苗设施。由于棚内昼夜温差较大，可防止幼苗徒长，对培育壮苗有利。一般用塑料棚育苗时，最好用中、小棚，夜间可用草帘覆盖保温。

29. 什么是营养块育苗技术？

营养块是以东北地区优质草本泥炭为主要原料，采用先进技术压制而成的，集基质、营养、控病、调酸、容器于一体，具有无毒、营养齐全、透气、保壮苗及改良土壤等多种优点。

营养块育苗是近几年推广的育苗新方法，它把营养物质丰富的基质压缩成块，并将种子播到块中，整个苗期，植株均在育苗块中生长，定植时可将育苗块与幼苗同时放入定植穴，简单易行，育出的幼苗质量高，壮苗率高。育苗块有多种规格，主要有圆形小孔、圆形大孔、圆形单孔、圆形双孔等，由于番茄种子较小，因此生产中使用圆形小孔规格的育苗块。

冬季育苗时，要提前将种子催芽露白，催芽时间视不同作物而定，但芽不能过长，夏季育苗则不需要催芽。将苗床底部平整压实后，铺一层聚乙烯薄膜，按间距 1 厘米把营养块摆放在苗床上。用喷壶或喷头由上而下向营养块喷水，薄膜上有积水后停喷，积水吸干后再喷，反复 5～6 次（约 30 分钟）直到营养块完全膨胀，其标准是用牙签扎透基体无硬心，若浇水不足会严重影响幼苗的生长。营养块完全膨胀后，放置6～7小时后再开始播种。播种时种子平放穴内，上覆1～1.5厘米厚的蛭石，严禁使用重茬土覆盖。播后须保持营养块水分充足，定植前停水炼苗，定植时带块移栽，定植后的管理和普通穴盘育苗管理基本一致。

另外，在使用育苗块育苗时还应注意以下事项：①喷水时不能大水浸泡，可以在薄膜上保持适量存水，喷水时间和次数根据棚室湿度灵活掌握。②吸水膨胀后的营养块比较松软，暂时不要移动或按压。③如果培育长龄苗（60～90天）可使营养块与床土相接触，不用铺薄膜。④由于营养块营养面积较小，只要幼苗根系布满营养块，白尖嫩根稍外露，就要及时定植，防止根系老化。

30. 什么是穴盘育苗技术？

穴盘育苗技术是以不同规格的专用穴盘作为容器，用草炭、蛭石等作为基质，通过播种、覆土、浇水，一次成苗的现代育苗技术。穴盘育苗技术可摆脱自然条件的束缚和地域性限制，减轻恶劣气候的影响和苗期病虫害杂草的危害，具有成苗率高、促进提早成熟、经济效益好等优点。

31. 如何选择穴盘？

穴盘种类可按照材质、空穴数量和颜色来划分。按照材质可分为聚苯乙烯泡沫穴盘和塑料穴盘，目前，我国常用的是塑料穴盘；空穴数量不同，但外缘尺寸基本相同，上口长58厘米，宽30厘米，下口长51厘米，宽23.5厘米；规格有12孔、15孔、32孔、50孔、72孔、128孔、200孔、288孔、392孔、512孔及蜂窝状等。

穴孔容积对种苗生长影响较大，穴盘中孔数越多，每个空穴就越小。穴盘空穴大有利于种苗生长，但生产成本相对较高；穴盘的穴孔小，生产成本低，但不能给种苗提供充足的营养空间，不利于种苗生长。因此，在育苗过程中要兼顾生产效益和种苗质量，一般番茄育苗选择 72 孔规格的穴盘。

32. 如何对穴盘进行消毒？

为预防病害侵染，在育苗前必须对穴盘进行消毒。如果穴盘重复使用，则首先要剔除老化破损穴盘后，将其清洗干净并进行消毒，尤其应注意可能残留矮壮素的穴盘。对于质地薄的穴盘，重复使用次数一般不超过 3 次，使用时间过长会出现穴盘断裂、排水孔变大漏基质等现象，影响育苗质量。穴盘消毒时，首先对穴盘进行彻底清洗，然后用甲醛、高锰酸钾、硫黄粉等进行消毒。

(1) 甲醛消毒法。将苗盘放在稀释 100 倍液的 40％甲醛溶液中，浸泡 30 分钟后取出晾干。

(2) 甲醛、高锰酸钾消毒法。采用等量甲醛与高锰酸钾进行化学反应，每立方米穴盘用 40％甲醛 30 毫升、高锰酸钾 15 克，浸泡后取出晾干备用。

(3) 硫黄粉熏蒸法。每立方米穴盘用硫黄粉 4 克、锯末 8 克进行熏蒸，后取出晾干备用。

33. 育苗营养土如何配制？

番茄苗期生长发育的好坏与育苗基质的质量高低有着密切的关系。番茄育苗所需基质质量要求较高，普通栽培用的土壤不能满足，必须专门配制。目前，番茄育苗基质配方种类很多，不论采用什么配方，育苗基质均要保证良好的通透性和足够的矿物质，同时必须确保各种原料搅拌均匀。

番茄育苗基质总体要求：全含氮量在 0.8%～1.2%，有效氮含量应达到 100～150 毫克/千克，有效磷含量应高于 100 毫克/千克，有效钾含量应不低于 100 毫克/千克；孔隙度应在 60% 左右，其中大孔隙度应在 15%～20%，小孔隙度应在 35%～40%；床土适宜容重为 0.6～1.0 千克/米³，育苗基质适宜 pH 为 6～7。

通过多年试验，推荐以下 2 种营养土配置方法：

（1）育苗营养土可选用未种植过茄科作物的菜园土和充分腐熟并过筛的有机肥作为材料，二者按 6∶4 混合均匀后，每立方米加入过磷酸钙 1～2 千克，草木灰 5～10 千克，混匀后装入 8 厘米×10 厘米的塑料钵内或铺入育苗床 8～10 厘米厚。

（2）无土育苗基质可选用草炭、蛭石和珍珠岩作为材料，3 者按 2∶1∶1 的比例混合均匀后，每立方米加入精制有机肥 20 千克。另外，有条件的农户在生产中还可以直接购买配好的商品育苗基质，商品基质配比较为精确，育出的幼苗质量相对稳定。

34. 如何对番茄育苗营养土进行消毒？

为了避免育苗营养土携带病原菌，需对营养土进行消毒处理。消毒方式主要有以下几种方式：

（1）药剂消毒。

① 福尔马林消毒。一般用 0.5% 的福尔马林喷洒育苗营养土后拌匀，再用塑料薄膜密封 5～7 天，然后撤膜，待药味挥发完全后再使用。

视频 1
播种前基质准备

② 代森锌和多菌灵消毒。1 米³ 基质用 65% 的代森锌粉剂 60 克，混合拌匀后用塑料薄膜覆盖 2～3 天，然后撤膜，待药剂挥发后使用。也可用多菌灵 800 倍液直接喷淋基质，混合均匀后，用塑料薄膜覆盖，2 周后撤膜，随后即可装盘播种。

（2）物理方法消毒。蒸汽消毒。欧美和日本等国家普遍应用蒸汽进行营养土消毒。用蒸汽将床土加热到 90～100 ℃，一般处理 30 分钟。经过蒸汽消毒的土壤，在降温冷却后即可使用。

35. 如何确定用种量？

符合国家规定的合格番茄种子，其发芽率可达 90% 以上，每克番茄种子约 300 粒，按 90% 出苗率计算，可出 240 株幼苗。一般每亩定植用苗 3 000 株左右，加上 20% 的损耗率，每亩种植番茄的播种量约为 15 克。

36. 如何进行种子筛选？

种子筛选即通过过筛、漂洗把混入种子的杂质和不成熟的种子清除，从而使种子大小粒均匀、无杂质、无霉变。为培育壮苗还应选择发芽势强、发芽率高的近 1～2 年采收的优质种子。此外，还应选择纯度高的种子，生产中纯度要求 95% 以上，原种纯度要求 99.8%。在选择优良品种的前提下，种子还应选择非疫区种子，尽量减少种子带菌，特别是被检疫对象的病原菌，如细菌性溃疡病等。

37. 如何进行种子消毒？

许多番茄病害可通过种子进行传播，种子消毒可杀死或减少种子表面和内部病原菌，从而防止病害的发生。市场上许多种子已进行包衣处理，经过包衣处理的种子可直接进行播种，无需进行消毒。关于种子消毒的方法，可以单独使用，也可以配合使用，主要有以下几种：

视频 2
温汤浸种

（1）温汤浸种。取一清洁的盆（最好是瓦盆，也可用塑料盆、陶瓷盆，不能用铁制器皿），注入种子体积 4～5 倍的 55 ℃ 温水（经验做法：2 份开水兑 1 份凉水即可得到 55 ℃ 温水，但最终应以温度计测量为准），把种子投入，同时用玻璃棒沿同一方向匀速搅拌，保持 55 ℃ 恒温 15 分种（为了保持 55 ℃ 恒温，在旁边再准备一个容器，将温度较高的水调好后再注入陶瓷盆，不可直接在盛种子的容器内倒开水，防烫伤种子），不停搅拌待水温降至 30 ℃，继续浸泡 4～6 小时，以备播种。

（2）药液浸种。 在药剂消毒前，先将种子浸水 10 分钟左右，除去漂浮在上面的瘪种子再进行消毒处理，温汤浸种后的种子洗净后也可继续用药剂消毒。消毒用福尔马林（40％甲醛）100 倍液浸种 10～15 分钟，可杀死种子表面所带病菌（如早疫病病菌等），用 10％磷酸三钠或 2％氢氧化钠水溶液浸种 15～20 分钟，有钝化番茄花叶病毒的作用。药剂浸种后一定要再用清水彻底清洗种子。

（3）粉剂拌种。 可针对当地主要病害采取 1～2 种粉剂药物直接拌种即可，但拌种时要注意用药的浓度和剂量，高浓度的粉剂加适当量的细沙或草木灰等填充物，用药量一般为种子重量的 2％～3％即可。

（4）干热消毒。 对那些温汤浸种和药剂浸种消毒效果不好的种传病害，干热消毒具有显著效果，此方法需要专用的设备进行操作。日本试验表明，番茄种子在 75 ℃ 条件下，干热处理 3 天，种子表面及内部的烟草花叶病毒均失去活性。经过干热消毒的种子发芽时间一般推迟 1～3 天，但发芽率、发芽势不受影响。干热消毒必须首先进行 60 ℃ 左右 2～3 小时的通风，使种子充分干燥，若种子含水量在 12％左右，则需进行密封加热处理，否则种子将不能发芽。种子在干燥器内的厚度应在 2～3 厘米。种子经干热消毒后应在一年以内使用。

38. **怎样进行种子催芽？**

在冬季育苗的过程中，为了使种子快速发芽且使幼苗长势一致，可采用人工催芽的方法。浸种后的种子，沥干浮水后将湿种子用透气性良好、洁净、半潮湿的布包好，放入盘中，种子厚度不超过 5 厘米，上面盖上双层潮干毛巾或麻袋片，然后放在 25～28℃的恒温箱中催芽。每天要用温水淘洗一遍，沥净浮水，再继续催芽。淘洗的目的一是使种子翻动以提供足够氧气，防止种子因缺氧而发酵产生酒精，导致烂种；二是补充水分。吸足水后的种子在温度适宜、氧气充足的条件下，经 48 小时便可发芽，隔年陈种子发芽稍迟缓，但 72 小时左右也可出芽。种子露出 1～2 毫米的胚根后即可播种。当种子已经发芽，却遇到天气突变或其他情况不宜播种时，可将有芽种子在一定湿度条件下，放在温度为 0～10℃的环境中保存，有条件者放入家用冰箱的冷藏室内，或放在冷凉屋内，经常翻动，保持芽不干，待天气好转即可播种。

39. **如何进行播种？**

播种应该选在"阴天尾，晴天头"的上午进行。播种当日清晨，提前先将育苗床土或育苗基质浇透，灌足底水，一般地床育苗水深 5～7 厘米，要使 8～10 厘米土层含水量达到饱和；如果是育苗穴盘播种，浇水达到容器下渗出水的程度为宜；育苗块播种则需使压缩育苗块充分吸水膨大。底水渗

视频 3
播　种

下后，在床土上撒一层过筛无肥的细潮干土，以防种子与泥泞床土直接接触，影响出芽，撒完底土即可播种。穴盘育苗不需撒土。

　　播种方法如下：在穴盘或育苗块上播种1粒种子，干籽或湿籽均可，也可播下经过催芽后露白的种子。播种后要立即覆土或基质，若是覆土要采用过筛、无肥料的潮干细土。

　　老菜园土壤病菌较多，为了防止苗期病害的发生，可拌成药土撒在种子上。用50%多菌灵作药，每立方米用药8～10克，加土混匀后即为药土，撒在种子上，之后再覆土。覆土后，立即用塑料薄膜（地膜）进行覆盖，也可用高30厘米的小拱棚覆盖，以利增温、保湿和出苗。

40　番茄播种时应注意哪些问题？

　　(1) 选择好天气。番茄播种应选择"冷尾、暖头"时进行。播种后连续几个晴天，床内温度较高，才能出苗迅速、整齐。否则，连续遇到阴雪天气，床温下降明显，往往会导致出苗缓慢，还容易引发病害。

　　(2) 底水要浇足。在播种前一天或当天早晨，先将育苗床浇足底水，要求8～10厘米内的土层都已经充分湿润，出苗前不必浇水。

　　(3) 覆土厚度合适。厚度以5～8毫米为宜，覆土过厚，影响地温，出苗困难，易形成"顶盖"现象，即幼苗将厚土层顶起；覆土过薄，种皮不易脱落，出现幼苗"戴帽"现象，影响子叶伸展。

41.　番茄播后覆膜有什么好处？

　　番茄播种后，在床面上覆盖一层地膜，可充分保湿，满足整个出苗期种子对水分的需求。同时，可防止覆盖土过于疏松而形成"戴帽苗"的情况；另外，覆盖地膜后，有利于提高土温，促进种子快速萌发，加快出苗。

42. 播种后到出苗期间如何管理？

播种后如果床土温度、湿度和气体条件良好，则种子胚根会向下伸展，胚芽和胚轴向上伸出土面，这个过程叫做出土。种子出土期间应保持适宜的土温，床土温度白天应保持在 25～28 ℃，夜间保持在 20 ℃左右。种子出土后，应立即撤掉地膜或报纸等覆盖物，以保证充足的光照，同时要降低温度以避免胚轴过度伸长而形成"高脚苗"或"拔脖苗"。

43. 出苗后到定植前如何管理？

从出苗到幼苗长出 2 片真叶这一阶段，幼苗侧根不断增多，子叶也有扩展，真叶展开后叶面积不断增加，同时生长点不断分化出叶的原始体，在积累了较丰富的营养物之后将开始花芽分化。这一阶段是培育壮苗的关键时期。幼苗出齐后，应适当通风，增强光照，并实行降温管理，白天气温保持在 22～23 ℃，地温 20～23 ℃，夜间气温 12～13 ℃，地温保持在 18～20 ℃。幼苗长到 2 片真叶时应进行分苗前锻炼，白天温度保持 20～22 ℃，夜间保持 8 ℃左右，经过 3～4 天，当幼苗颜色变为深绿或微带紫色时即可进行分苗。分苗前一般不浇水，应加强光照管理。

44. 定植前秧苗管理应注意哪些？

分苗后苗床内气温要适当提高，白天气温保持 25～28 ℃，地温 20～24 ℃，夜间气温 17～18 ℃，地温 20～22 ℃。当幼苗生长点开始生长时，即说明已进入缓苗期。缓苗后应适当降温管理，白天气温 20～26 ℃，地温 18～20 ℃；夜间气温 12～13 ℃，地温 16～18 ℃。从移苗到幼苗长 5～6 片叶这一时期，要加强温光水肥和通风管理，促进幼苗生长发育，但要防止徒长，土壤发干时应及时喷水。如叶色发淡，可喷施 0.3％的尿素或 0.5％的磷酸二氢钾溶液。定植前一周，要对幼苗进行适应性锻炼，充分锻炼的秧苗可忍耐短时间内 0 ℃左右的低温。

45. 番茄嫁接育苗有必要吗？有哪几种方法？

近年来，番茄嫁接育苗技术开始陆续推广，主要用来防治青枯病、褐色根腐病以及根结线虫病等土传病害。根据防治病害不同，选择砧木品种不同。如防治根结线虫病可使用砧木品种"果砧 1 号"。

番茄嫁接育苗嫁接方法主要包括贴接、插接、靠接等，在众多嫁接方法中，最好选用贴接法。该方法操作技术简单，嫁接速度快，比其他嫁接方法成活率高，伤口愈合面大，有利于缓苗，在一般管理水平和嫁接水平下，嫁接成活率可达到 90％以上。现将几种嫁接方法介绍如下：

（1）**贴接法。**将砧木苗从苗床内拿出放在操作台上，在第二片和第三片真叶之间用刀片斜切一刀，砧木苗下部留 2 片真叶，削成呈 30°角的斜面，切口斜面长 0.6～0.8 厘米。接穗苗上面留2 叶 1 心，将接穗苗的茎在紧邻第三片真叶处用刀片斜切成 30°角的斜面，斜面的长度 0.6～0.8 厘米，尽量与砧木的接口大小接近。将削好的接穗苗切口与砧木苗的切口对准形成层，贴合在一起。对好接口后，用嫁接夹子或套管固定嫁接部位，将嫁接苗放入已经准备好的小拱棚内。

（2）**插接法。**砧木要早接穗播种 7 天左右，待砧木真叶 4～5 片、接穗 2～3 片真叶时进行嫁接。将砧木的真叶和生长点用刀片或竹签剔除，然后用插接针或竹签的细尖从一侧子叶的叶脉基部开始，向对侧朝下斜插 0.5～0.7 厘米，插接针剪短不要刺破茎另一侧的表皮，插入的针暂不抽出。然后将接穗幼苗在距离

子叶基部 0.8～1.0 厘米处斜削一刀，刀口深度为下胚轴粗度的
2/3，刀口长约 0.5 厘米，然后反过来再在刀口的对面斜削一刀，
将之削断在接穗的下胚轴上，形成一个两面有刀口的楔子。削好
接穗后拔出砧木上的插接针，立即将接穗插入，直插到不能再深
为止，然后将嫁接苗转入育苗棚中培育。

（3）靠接法。在真叶出现时进行砧木移栽，相距 3 厘米栽植
接穗。待长出 2 片真叶时，在着生第一或第二真叶的节间进行靠
接。砧木保留 3 片真叶进行摘心，茎短时可在第二真叶以上进行
嫁接。嫁接时先拿起接穗苗根部朝向操作者，子叶放在手指上用
拇指按住，用锋利的刀片在子叶基部下 1 厘米处下刀，斜着向上
把胚轴切成 35°角左右的接口，最深度达胚轴粗度 2/3。用刀片
切掉砧木苗的生长点，随机将其放在不持刀的手上，根部朝向手
指，子叶朝向怀里，用与切接穗接口相同的手法，切成相反的接
口，砧木接口的位置应根据接穗的长短而定。最理想的接口位置
是嫁接后接穗的子叶正好处在砧木苗子叶的上方，而且移栽时二
者的根能够栽得一样深，然后将砧木和接穗的接口相互嵌合。从
接穗一端入夹，用嫁接夹将接口固定。

46. 番茄嫁接苗愈合期如何管理？

番茄嫁接苗从嫁接到嫁接苗成活，一般需要 10 天左右的时
间。这个阶段的管理至关重要，必须精心"护理"，严格按照技
术要求进行管理，保证嫁接苗的成活率。

（1）温度管理。嫁接后的前 3 天白天气温 25～27 ℃，夜间
17～20 ℃，地温在 20 ℃左右；3 天后逐渐降低温度，白天 23～
26 ℃、夜间 15～18 ℃；10 天后撤掉小拱棚进入正常管理。

（2）湿度管理。嫁接后前 3 天小拱棚不得通风，湿度必须在
95％以上，小拱棚的棚膜上布满雾滴；嫁接 3 天以后，必须把湿
度降下来，要保证小拱棚内湿度维持在 75％～80％。每天都要进行

放风排湿，防止苗床内长时间湿度过高造成烂苗；小拱棚要作成拱圆型，不要让水滴抖落在苗上。苗床通风量要先小后大，通风量以通风后嫁接苗不萎蔫为宜，嫁接苗发生萎蔫时要及时关闭棚膜。

(3) 光照管理。嫁接后前 3 天要求白天用遮阳网覆盖小拱棚，避免阳光直射小拱棚内。嫁接后 4～6 天，见光和遮阳交替进行，中午光照强时遮阳，同时要逐渐加长见光时间，如果见光后叶片开始萎蔫就应及时遮阳；以后随嫁接苗的成活，中午要间断性地见光，待植株见光后不再萎蔫时，即可去掉遮阳网。

47. 番茄嫁接苗成活后怎样管理？

嫁接 10 天后嫁接苗开始生长，去掉小拱棚，转入正常管理阶段，及时抹除砧木上萌发的枝蘖。这时要注意温度不要忽高忽低，以防苗期病害的发生。温度管理控制在白天 25～27℃，夜间 15℃左右。水分管理以"见干见湿"为原则，既不能浇水过多，也不能过分干燥，当发现表土已干，中午秧苗有轻度萎蔫时，要选择晴天上午浇水，水量不宜过大。定植前 5～7 天，要加强通风，降低温度进行炼苗，使苗子敦实健壮以适应定植后的田间环境，当嫁接苗长出 6～7 片真叶时即可定植。

48. 如何有效控制番茄幼苗徒长和幼苗老化？

番茄育苗过程中，如果管理不当容易出现幼苗徒长和幼苗老化的现象。避免幼苗徒长和幼苗老化最有效的方法就是保证营养均匀充足，主要包括根际营养和光合营养的调控。要保证根际营养良好，生产上要求根系有充足的生长空间，营养钵直径在 8～10 厘米；营养土要严格按照要求配置，通透性要好，保水力要强，氮磷钾等营养元素要充足。培育适龄壮苗时光合营养比根际营养更为重要，保证光合营养良好，生产上要合理摆放苗盘或营养钵，要保证幼苗光照充足，通风透光性好。

番茄徒长主要是由幼苗拥挤或水分过大、夜间温度过高引起的。在生产上，要及时移苗，控制水分不要过大，种子出苗时适当降低温度，着重根际营养和光合营养的调控。不能片面强调低温、干旱，这样会严重影响幼苗正常生长发育。生产上已经发生徒长的秧苗应适当提前定植，严重徒长的秧苗定植时可采取卧栽方式以减少徒长对后期生长的影响。

番茄幼苗老化主要是由营养不良和长时间高温干旱引起的。生产上要加强营养、温度和水分的管理。生产上已经老化的秧苗应适当提前定植，定植时水分要充足。

49. 番茄定植前怎样进行秧苗锻炼？有何作用？

番茄定植前对秧苗进行锻炼，可以增强秧苗耐寒、抗霜等抗逆性，提高定植后成活率，缩短缓苗期，促进秧苗提前开花结果，提早成熟，提高产量和效益。经过充分锻炼后，秧苗可短时间忍耐 0 ℃左右的低温而不受冻害。定植前的秧苗锻炼主要有以下几种方法：

（1）控制浇水。 在定植前 10 天应减少苗床的灌水次数，在秧苗不发生干旱萎蔫的情况下不必浇水。适当控水可控制秧苗地上部分的生长，同时增强了土壤的透气程度，促进根系生长。

（2）低温炼苗。 春提早栽培中，定植前 7～10 天，常用低温锻炼的方法炼苗。白天温度可降到 20 ℃左右，夜间可降至 5～10 ℃。苗床温度的降低要逐步进行，以免引起秧苗不适。白天逐步加大通风量，定植前 3～5 天，夜间也要进行适量通风，使秧苗所处温度条件与定植后的环境条件一致。

（3）植物生长调节剂控苗。 当发现幼苗长出 4～5 片真叶后有徒长趋势时，可喷洒 200 毫克/升的矮壮素，以促进幼苗叶色浓绿，节间短粗，控制徒长。

经过低温锻炼的幼苗，对环境的适应力增强，有利于植株提高抗寒、抗旱、抗病虫的能力，同时有利于发棵缓苗。

50. 为什么定植前对番茄苗进行追肥和喷药？

使用商品基质育苗，在定植前无需进行追肥。若使用配制的营养土或基质育苗，定植前可根据实际情况对番茄幼苗进行追肥，不仅可以提高植株营养水平，同时可弥补定植后由于秧苗根系在缓苗前活力有限而造成的营养不足。追肥后可提高秧苗成活率，缩短育苗期，促进早熟增产。定植前追肥一般选择复合肥和磷酸二铵。

番茄定植后，由于秧苗生长发育的环境条件发生改变，且处于缓苗期，容易发生病害。因此，定植前对秧苗进行喷药以预防病害。喷药一般选用75％百菌清可湿性粉剂500倍液，或50％多菌灵可湿性粉剂500倍液进行叶面喷施。

51. 如何进行番茄扦插育苗？

由于番茄再生能力强，易发生不定根，因此在番茄种子价格较高的情况下可以选择扦插育苗，节省种子投入。一般在春季早熟栽培时采用扦插育苗。

扦插育苗的侧枝长度一般在8～12厘米，且节间短、粗壮、生长发育旺盛，以第一花序下的侧枝最为适宜。去下侧枝后，削平侧枝基部，除去基部3厘米以内的叶片，把插枝摊放在室内，晾干5～6小时，使基部伤口稍干愈合。为促进生根，可用100毫克/升吲哚乙酸浸泡插枝基部10分钟，清水冲洗干净后即可扦插。

扦插育苗可选择营养液育苗或基质育苗。适宜时期为6～7月。扦插后要注意遮阴，防止秧苗萎蔫，扦插后要浇足水分，保持较高的湿度。保证白天温度22～30 ℃，夜间温度12～18 ℃。

扦插枝条生根后，要逐渐增加光照，待茎叶恢复生长、根系比较发达后即可定植。从扦插到定植一般需要 15 天左右。

52 什么样的番茄苗是壮苗？

所谓适龄壮苗指在番茄生产中能够获得早熟、高产、优质、高效及对不良环境条件具有较强适应性的秧苗。适龄秧苗既要有适宜的大小，又要生长发育良好。概括起来说，番茄的壮苗标准是根深、叶茂、茎粗。一般冬季育苗需 50～55 天，壮苗株高 15～20 厘米，5～6 片真叶，茎粗 0.5～0.8 厘米；夏、秋季育苗需 20～25 天，壮苗株高 10～15 厘米，3～4 片真叶，茎粗一般为 0.4～0.6 厘米；同时，壮苗还具有节间短、叶色正常、叶片肥厚、花芽肥大、根系发达、无病虫害及机械损伤等特征。这样的秧苗对栽培环境的适应性和抗逆性强。定植后缓苗快，开花早，结果多。

达不到壮苗标准的苗除秧苗大小不适宜外，通常是徒长苗或是老化苗。徒长苗茎细长，柔弱，节间长，叶片窄，叶色淡，叶肉薄，花芽瘦小，花数少，根系不发达，植株重量轻，干物质含量少；也有的徒长苗地上部茎叶不瘦弱，但节间过长，从下往上节间逐渐变粗，从整个植株看，轮廓呈倒三角形，这种苗根冠比较小，根系发育不良。老化苗一般是由夜温和地温偏低，肥料不足，床土干旱，苗龄过长，伤根较重等造成；具体表现叶形小，叶色过淡或过深，叶片小而无光泽，节间短，以后不能正常伸长，后期容易早衰。

53 番茄出苗不整齐的原因是什么？怎样防止？

番茄出苗不整齐的主要原因是种子质量不好、种子成熟度不一致、或掺杂了陈旧的种子；另外，苗床内的环境条件不一致也是造成出苗时间不一致的原因。一般苗床的中部温度较高，出苗速度较快；边侧温度较低，出苗较晚。其次，播种后覆土厚度不一致也是出苗不整齐的原因之一。

为防止这种现象的发生，一定要采用发芽势强、发芽率高的种子；同时苗床一定要整平，浇透底水，播种后覆上地膜，尽量使苗床环境条件一致。

54. 番茄苗"戴帽"的原因是什么？如何防止"戴帽苗"？

幼苗出土后种皮不脱落，夹住子叶，这种现象称为"戴帽"或"顶壳"。"戴帽"后，子叶不能顺利展开，妨碍了光合作用，造成幼苗营养不良。幼苗"戴帽"主要有两个原因：一是种子成熟度不好，种子陈旧，生命力降低，出土时无力脱壳；二是播种时灌水不足或覆土过薄，种子尚未出苗时表土已干，使种皮干燥发硬，因而不能顺利脱落。

防止幼苗"戴帽"，首先要选择质量好的种子，播种时灌足底水；覆土要适当，不要过薄。播种后床面覆盖地膜保墒。发现"顶壳"出土的幼苗，可在晴天的中午用喷雾器加清水喷淋"戴帽"的子叶，1小时后，种皮变软，即可人工辅助脱壳。

55. 番茄育苗过程中为什么会发生沤根？如何防止？

沤根一般发生在幼苗发育前期，番茄苗期沤根主要是苗床土温低且湿度大，透气性差造成的。如在连阴天或雨雪天来临时浇水，幼苗很容易出现沤根现象。长时间沤根，幼苗根系就会死亡。防止沤根应从育苗管理抓起，应及时通风排湿，或撒干土吸湿，或松土以增加土壤蒸发量。晴天时要严格控制浇水量，严禁阴天或雨雪天气浇水，同时要注意苗床土温不要过低。

第五部分

番茄生产中通用技术问题

56. 番茄生产主要设施类型有哪些？

中国幅员辽阔，各地都可以充分利用本地条件，在适宜番茄生长的季节进行露地栽培，生产成本较低。但在不适宜栽培的季节，则需要利用各种保护设施进行栽培。以北京为例，适宜番茄生长的自然时期为春季4月下旬至夏季7月中旬、秋季9月，其他时间均需在设施内生产。目前发展起来的设施有塑料大棚、高效节能日光温室、加温温室、连栋玻璃温室等，这些设施的特点如下：

(1) 塑料大棚。 塑料大棚又称冷棚，利用竹木、钢材等材料，并覆盖塑料薄膜，搭成拱形棚，具备一定的保温性能，种植蔬菜等园艺作物能够提早或延迟供应，提高单位面积产量。塑料大棚一般高3~3.5米，宽8~15米；钢管大棚多为8~10米宽，跨度40米以上，每棚面积330~800米²，覆盖用的农膜为0.1毫米厚的聚氯乙烯或聚乙烯薄膜。根据覆盖方式不同，塑料大棚可分为单层覆盖大棚（普通大棚）和多层覆盖大棚两种。

① 单层覆盖大棚。是塑料大棚的基本形式。除在两肩部留有通风口外，顶部也应有放风口，以利通风。该结构的生产设施栽培，可比露地栽培提早近一个月。

② 多层覆盖大棚。比较常见为双层或三层覆盖，即在大棚内加设一层帘幕，称为"天幕"或"二道幕"；也有在大棚内加

一层小拱棚，为双层覆盖。大棚内加"天幕"又加小拱棚，则为三层覆盖。通常双层覆盖者，定植期可比露地定植期提早 35～40 天，三层覆盖时，其定植期可比露地定植期提早约 45 天。在日本、韩国和我国台湾地区，也有直接采用两层钢架和塑料棚膜的塑料大棚，保温效果好于"天幕"和小拱棚，但其建设成本相对较高。

(2) 高效节能日光温室。20 世纪 80 年代辽宁省瓦房店和海城等地创造了高效节能日光温室，经多年实践，通过结构改进，逐步形成了比较完善的节能型塑料日光温室，其特点是：脊高高（根据不同的纬度，脊高一般为 4.0～5.5 米），大跨度（8～10米），拱圆式，前屋面底角采光角度为 55°～60°，后屋面仰角为 35°～40°，同时加强保温结构设计（加厚墙体，一般为 0.8～1.5 米土墙或中间填充保温板的双层砖墙，采用保温性能好、防水且防火的保温棉被），挖防寒沟（棚南侧和东西山墙两侧挖深度超过当地冻土层厚度的防寒沟，内填草，隔寒保温）。经过改进后，日光温室增温保温效果良好，日出前室内外最大温差可达 25 ℃以上，在北方可部分或完全代替加温温室，进行冬季番茄生产，大大节省了能源，对解决冬春番茄的市场供应和保护环境起到了显著作用。

(3) 加温日光温室。随着高效节能日光温室的兴起和技术的日趋成熟，加温日光温室已逐步退出历史舞台，仅在少部分有条件的地区保留，可生产价值较高的产品。

加温温室均为东西走向，坐北朝南，其组成有以玻璃或塑料薄膜覆盖的透明屋面，北边有不透明屋顶、后墙和东西山墙以及屋架、蒲席等。透明屋面类型有：一面坡形、一面坡前加立窗形、双折面形或三折面形等，一般跨度 5～6 米，每间长 3～3.3 米，屋顶最高处距地面 1.6～2 米，每间面积 15～18 米^2。加温方式以炉火为主，一般每 3～4 间设火炉 1 个，以爬坡式瓦管散热，3～6 个火炉为一排或一栋温室加温，也就是说每栋温室包含

9～24 间温室。加温方式除炉火加温外，还有水暖加温、土暖气加温，有条件的地方还可以利用工厂废热或地热温泉热来加温。由于加温设备和条件的限制，每间温室的面积不宜过大，否则温度难以达到要求。

另外，加温温室还有改良形式，在原加温温室的基础上，跨度适当调整，取消"火炉"的形成。一般结构为：北面是土墙或砖墙，脊高 2 米左右，前屋面为塑料薄膜或聚碳酸酯板，跨度一般为 6～7 米。此种类型的温室特点：建造成本相对较低，但由于高度偏低，前屋面坡度小，采光效果差。即便在加温的情况下，在北方地区也只能用于春提前或秋延后番茄生产。若建立在黄河以南地区，也可用于冬季生产果菜类。

（4）连栋玻璃温室。该设施是一些高科技示范园区引进国外或本地设计建造的玻璃日光温室，虽然造价较高，但是采光、保温效果好，适合于高架长季节栽培。这种设施类型是大型、环境受自然条件影响较小、可自动化调控、能全天候进行园艺作物生产的连接屋面温室，是园艺设施的最高级类型。按照屋面特点主要分为屋脊型连接屋面温室和拱圆型连接屋面温室。屋脊型连接屋面温室代表为荷兰文洛型温室，拱圆型连接屋面温室主要以塑料薄膜为透明覆盖材料，这种温室在法国、以色列等国家被广泛应用。

57 露地与设施栽培有哪些环境差异？

（1）光照条件不同。露地栽培光照充足，光照时数多，光照度大，而设施内光照差，光照度低。一般玻璃的透光率为 85%～90%，塑料薄膜的透光率为 80%～85%，再加上光通过玻璃或薄膜时被反射，实际进入棚室内部的光更少，覆盖物和积尘更使棚内光照条件进一步下降，所以在栽培过程中要注意选择一些耐弱光品种。在强光季节露地栽培，果实常发生日灼现象，而设施内则很少发生。但设施内因为光照弱，植株纵向生长比露地栽培快，株形高大，易造成徒长。

（2）**温度条件不同。**露地栽培一般在温度适宜的季节进行，温度可满足番茄生长发育的需要。设施栽培则是利用设施内的保护设施和条件，在不适宜番茄栽培的季节种植，一般在低温季节或是高温季节栽培。低温季节突出问题是夜温不足，对生长发育造成不利影响；高温季节的突出问题是白天气温过高，露地条件栽培不能正常生长，在这种情况下，可利用保护设施适当遮阴降温。

（3）**湿度及通风条件不同。**露地栽培为开放式，通风条件好，设施栽培为半封闭式，通风条件差，因而易造成高湿环境，尤其是在日光温室冬季生产时，由于气温较低，相对湿度较高，若放风不及时，易引发各种病害，对番茄生长不利。

（4）**病害发生种类不同。**因为生态环境的不同，常见病害种类亦不完全相同。露地栽培环境为高温、干旱、强光等，容易发生病毒病，而在雨季会发生真菌、细菌病害，如早疫病、晚疫病、枯萎病、青枯病或斑枯病。设施内因为湿度大容易发生真菌病害，如叶霉病、灰霉病、早疫病、晚疫病及菌核病等。

（5）**对品种外观形态要求不同。**根据不同的栽培环境条件和特点，需选对品种才能实现高产、优质的目的。露地栽培应该选择叶量多、叶片大、抗病毒病强的品种，而设施栽培应选择叶量少、耐弱光性强、对叶霉病以及灰霉病等病害抗性强的品种。

58 番茄能否实现周年供应？

我国番茄在无霜期内可进行露地栽培，在霜期内可进行设施栽培。通过露地栽培、春提前、秋延后以及越夏栽培等形式可实现四季生产，周年供应。华南、西南、华中地区夏秋淡季市场可以通过越夏栽培满足市场供应。华北、东北或西北地区冬春季市场可通过日光温室栽培供应，同时还可通过南菜北运来满足市场供应。设施栽培茬口安排：

（1）塑料大棚番茄。可分为春提早、秋延后以及越夏栽培茬口。

（2）日光温室栽培。在约北纬 40°以南的地区，采光保温良好的日光温室可以全年生产。根据播种和定植时间，分为冬春茬、秋冬茬、春茬。

（3）中小拱棚覆盖栽培。一般多用于春提早栽培，春季可比露地提早定植 15 天左右，覆盖时间 1 个月左右，待露地气候适宜时撤除。

59. 番茄生产如何进行茬口安排？

在塑料大棚和日光温室出现之前，人们进行蔬菜栽培只能根据自然气候条件的变化安排茬口。一般的，在北方地区，蔬菜露地栽培的主要茬口有越冬根茬菜、早春风障栽培、春播菜、夏播菜、秋播菜等，这就限制了蔬菜生产规模和种类，夏天人们可以吃到番茄、黄瓜等果类蔬菜，冬天就只能吃萝卜、白菜、马铃薯，而且供应量非常有限。设施栽培的兴起和发展，极大地丰富了蔬菜栽培的茬口类型。由于设施内的环境相对稳定，而且可以在一定范围内被人工调控，因此针对不同的设施类型，人们又相继开发出了春提早、秋延后、越冬、越夏等茬口，从而实现了蔬菜的周年生产。

茬口安排要考虑到番茄对环境条件的要求、品种的适应性、商品需要的供应期及病虫害发生规律等因素。为了保证番茄的周年供应，获得较高的经济效益，需要从设施的类型和性能出发，选择适宜的茬口进行生产。

（1）露地茬口安排。

① 春番茄。在设施内育苗，苗龄 60 天左右，终霜后定植于

露地，一般采用垄栽，北方地区 5 月上旬至下旬定植，7 月上旬至中旬开始采收，8 月初拉秧。

② 秋番茄。北方地区一般在 7 月上中旬播种，主要供应秋季市场，8 月下旬至 9 月采收上市，前茬为黄瓜、洋葱和西葫芦等作物。

③ 冬番茄。我国北方地区冬季严寒，无法进行番茄生产，在华南终年无霜地区可根据实际的生产情况安排茬口。

（2）日光温室栽培的主要茬口。

① 秋冬茬。本茬口是为了保证元旦和春节两大节日供应而安排的。北京地区一般在 7 月中下旬至 8 月中旬播种，8 月中下旬至 9 月中旬定植，采收期从 10 月中下旬至 1 月上旬，春节前后拉秧，具体的播种时间因地理位置和气候条件不同而略有差异，如：在山西、河北等部分冷凉地区，播种期可适当提前 2～3 周，以满足作物在生长期对积温的要求。本茬口比塑料大棚的播种期和收获期更迟，生产效益较高。

② 春茬。本茬口是为了保证五一期间上市供应番茄产品而安排的。在北京地区或华北地区，定植时间一般在 2 月，产品上市处在春淡季，五一期间市场需求量大，经济效益较高。北京地区温室栽培一般 12 月播种育苗，1 月分苗，2 月定植，4 月下旬开始收获。本茬口可比塑料大棚春提早茬口提前 1 个半月至 2 个月定植，效益较好。

③ 冬春茬（秋冬春一大茬、越冬茬）。根据番茄具有无限生长和不断产生侧枝的特性，可利用高架栽培方式或双干（多干）整枝方法，保证番茄连续生长，延长供应期，以保证元旦、春节到翌年五一期间的供应。这一茬口播种时间为 9 月中上旬，10 月中下旬定植，结果盛期在春节前后并可一直延续到翌年 5 月，随后拉秧。各地根据气候差异和种植习惯，其育苗期和定植期略有不同。大多数种植户把结果、采收盛期安排在 2～5 月，一方面是因为可避开在气温最低、日照时间最短的严寒季节挂果，减

轻了植株负担，另一方面是因为 2 月中旬之前番茄市场价格较低，效益较差。

与秋冬茬和春茬相比，冬春茬种植难度较大，风险也较大，尤其是在纬度较高、冬季严寒的地区，若遇到特别寒冷的年份，能否顺利度过 1 月的严寒期是生产关键所在。2009 年冬季到 2010 年春季，北京市遇到了百年一遇的低温天气，北京各个区县的蔬菜生产都受到不同程度的冻害影响，很多设施不过关、栽培技术又没有及时跟进的地区出现了整棚番茄被冻死的情况，损失惨重。因此，这个茬口的生产应围绕冬季保温开展。

（3）塑料大棚栽培的主要茬口。

① 春提前。本茬口番茄种植可比露地番茄提前 30 天左右定植，达到抢早的目的。在北京地区，由于早春时节气温较低，为保证幼苗的正常生长，春提早茬口要在日光温室中育苗，于 2 月上中旬播种，3 月下旬至 4 月上旬定植，5 月下旬开始收获，延续到 7 月中下旬拉秧。由于春提早茬口仅比露地栽培抢早 1 个月时间，再加上冬春茬日光温室番茄对市场的冲击，因此，本茬口的效益比其他番茄生产茬口低。

② 秋延后。本茬口番茄种植可比正常的露地番茄延长 20～30 天的采收期，在北方地区，通常在 6 月下旬至 7 月上旬播种，7 月中下旬定植，9 月下旬至 10 月中旬采摘上市，在霜冻降临之前可以采摘部分青果，经贮存后转红再上市。育苗定植较早者可以保证十一期间上市供应，具有一定的经济效益。

③ 春夏秋一大茬（越夏栽培）。随着栽培技术的发展和进步，人们为实现蔬菜的周年供应，种植茬口也在不断地开发。以往在炎热的夏季，由于气候条件和生产条件所限，番茄供应出现茬口空当，特别是 8～9 月，番茄价格较高。根据这种情况，在华北的一些冷凉山区开展番茄越夏栽培。由于平均气温较低，冷凉地区春大棚定植时期偏晚，导致了番茄成熟期的延迟，并不能达到春大棚抢早的目的，极大地影响了经济效益。为此，栽培中

采用对春大棚番茄暂时不拉秧,通过对环境因子的调控,延长番茄的生长期,延续到秋后再拉秧的方式进行生产。这样,在8～9月传统番茄生产茬口的淡季越夏番茄仍可以采收上市,以这种"时间差"的形式来弥补气候条件的不足。这种茬口生产的难度非常大,如何降低夏季高温对植株的伤害是越夏栽培的关键,北京市仅有部分地区获得成功,但是随着人们研究的不断深入,新型覆盖材料的不断研发,这一茬口已逐渐成为为冷凉地区设施蔬菜生产效益创效增收的一条新途径。需要注意的是,采用该种模式,经过7～8月的高温后,植株长势变弱,后期产量与前期产量有较大差距,需要较高的管理水平,否则很难获得较好的收益。

60. 如何搞好田间清洁?

清洁田园对于番茄栽培过程中的病虫害防控和保持良好的作物生长环境起到至关重要的作用,具体应做好以下几点。一是在植株生长期间,应及时把病叶、病果等剪除,集中烧毁或深埋,减少或避免病菌在蔬菜植株之间传染或蔓延。二是蔬菜采收后,遗留于田间的残株败叶、病株残体和育苗场剩余的幼苗是白粉虱、茶黄螨、蚜虫等多种蔬菜害虫繁衍以及病菌越冬的主要场所,应及时清除、集中处理。三是棚室栽培蔬菜时,周围大田中尽量不种植其他容易被相同病虫害侵染的作物,避免把病虫害传染到棚室作物中。四是在蔬菜换茬时,要及时清除地面残余地膜,因为残留在土壤中的地膜对土壤破坏严重,尤其是在地下和混在土壤中破碎的地膜。

61. 如何进行棚室表面消毒?

定植前7～10天进行棚室表面消毒。1米^{3}棚室用25%百菌清 1 克、锯末 8 克，均匀混合后，用旧报纸分装成小包，点燃后密闭一昼夜即可，然后打开通风口进行大放风，散出药味。消毒宜在晚上 7 时进行，熏烟密闭 24 小时。

62. 什么是秸秆还田？如何操作？

秸秆还田是把作物的秸秆腐熟后施入土壤中的一种方法。秸秆还田是国内外较为普遍的一项培肥地力的增产措施。秸秆还田也具有较大的生态价值，它在减少秸秆焚烧所造成的大气污染的同时还能增加土壤有机质，改良土壤结构，使土壤疏松，孔隙度增加，容量减轻，促进微生物活力的提高和作物根系的发育。秸秆还田增肥增产作用显著，但若方法不当，也会导致土壤病菌增加、作物病害加重等不良现象的发生。因此，采取合理的秸秆还田措施，才能起到良好的还田效果。

（1）**蔬菜秸秆腐熟处理**。首先将菜地蔬菜秸秆（叶、根、藤、枝等）收集、分类、集中，然后利用专门的农机具粉碎，再堆放在积肥坑或积肥场上。在堆放过程中，还可适当添加氮、磷、钾肥，以增加营养元素含量。表面加盖农膜或河泥，以提高堆肥温度，加快腐熟进程，待充分腐熟后，成品可作为有机肥施于菜地。

（2）**蔬菜秸秆发酵处理技术**。建发酵池最好与建沼气池结合。先将菜地秸秆收集、切碎，投入发酵池中，经过微生物发酵后，产生的沼气可供生产、生活之用，沼液和沼渣则作为肥料还田。

63. 什么是土壤消毒？有哪几种主要消毒方法？

土壤消毒是一种高效快速杀灭土壤中真菌、细菌、线虫、杂草、土传病毒、地下害虫的技术，能很好地解决高附加值作物的重茬问题，并显著提高作物的产量和品质。目前，非化学土壤消毒方式主要有太阳能消毒、生物熏蒸、臭氧处理等；化学消毒主要用氯化苦和棉隆进行。

（1）石灰氮-太阳能消毒。石灰氮-太阳能土壤消毒技术是通过高温的消毒作用和石灰氮分解中间产物的触杀作用来达到土壤消毒的目的，温度的高低和持续时间的长短对消毒效果的好坏产生直接的影响。设施栽培的封闭条件有利于高温的形成和高温状态的持续，因此应用效果较为理想。

在设施蔬菜采收后的空棚期，一般在6～8月期间，外界气温较高，晴好天气较多，太阳照射较强，借助棚室棚膜的长时间密闭将太阳产生的热能不断蓄积，同时将棚内土壤用透明或黑色塑料膜密闭覆盖，使土壤内温度不断上升，对土壤中病、虫、杂草等各种有害生物长时间保持较高的抑制或杀灭温度，通过有效抑制或杀灭积温将土壤中病、虫、杂草等各种有害生物彻底杀灭。具体如下：

① 选择适当的处理时间。选择夏季高温、光照最好的一段时间进行处理较为适宜。北方地区在6～8月休闲季节进行土壤消毒处理最为理想。

② 操作规程。

清洁地块：将选定田块内上茬作物收获后的遗留物清理干净，焚烧、深埋或放置到远离种植区域的地方。将稻草或麦秸（最好粉碎或铡成4～6厘米小段，以利翻耕）或其他未腐熟的有机物均匀撒于地表，每亩用量600～1 200千克。然后，每亩均匀撒施40～80千克石灰氮。

深翻：用旋耕机或人工将有机物和石灰氮深翻入土壤，深度30～40厘米为佳。翻耕应尽量均匀，以增加石灰氮与土壤颗粒的接触面积。

做畦：做高30厘米左右，宽60～70厘米的畦。做畦的目的是为了增加土壤的表面积，以利于快速提高地温，延长土壤高温所持续的时间，取得良好的消毒效果。

密封地面：用透明的塑料薄膜（尽量用棚膜，不要用地膜）将土壤表面密封起来。

灌水：从薄膜下往畦面灌水，直至畦面湿透为止。保水性能差的地块可再灌水一次，但地面不能一直有积水。

封闭温室：将温室完全封闭，注意温室出入口、灌水沟口不要漏风。一般晴天时，20～30厘米的土层能较长时间保持在40～50℃，地表可达到70℃以上。这样的状况持续20天左右，可有效杀灭土壤中多种真菌、细菌及根结线虫等有害生物。

打开棚膜、揭地膜：打开温室通风口，揭开地面薄膜，翻耕土壤。等待7～14天后可播种或定植作物。

③ 注意事项。为达到土壤消毒效果，应注意以下几方面问题：

一是关于石灰氮和有机物用量。病害较严重的地块，第一年石灰氮和有机物使用量应控制在上限，以后逐步减少用量至下限。

二是为充分发挥石灰氮分解过程中中间产物的杀虫灭菌作用，应使土壤和石灰氮充分混合，保持土壤中足够的水分含量，保水性能较差的地块，应在处理过程中补充适量的水分。

三是密封性。密封性是决定土壤温度上升高低及快慢的主要因素之一，应经常检查塑料薄膜的损害程度，如有破损，需及时修补。

四是处理过程中，如遇连续阴天或下雨，应适当延长处理天数。

（2）化学药剂灌溉消毒法。化学灌溉是用滴灌施用农药的一种精确施药技术，田间试验结果表明其控制土传病虫草害效果明显，可以在装有滴灌系统的田间大面积推广应用。可选用氯化苦、1，3-二氯丙烯、氯化苦＋1，3-二氯丙烯混合制剂等。化学药剂灌溉消毒法具有下列优点：施药均匀、精确、方便农药品种混合使用、能减少土壤的板结、减少农药对施用者的危害、减少化学农药的用量、减少施药人员的劳动强度。

（3）注射施药技术。注射施药法即将熏蒸剂通过特制的注射施药器械将药剂均匀施入土壤中。目前施药器械有手动施药器和机动施药器。根据药剂在土壤中的分布特性，将药剂以一定的距离注射到土壤中，注射深度通常是10～15厘米，注射间隔是20～30厘米，单孔注射量为1～3毫升。

（4）胶囊施药技术。现研制成功的有氯化苦胶囊、1，3-二氯丙烯胶囊，氯化苦＋1，3-二氯丙烯复配胶囊。研究表明熏蒸剂胶囊制剂对土传病虫草有很好的抑制作用，且具有施用方便、安全的特点。胶囊制剂解决了高毒农药的低毒化使用问题，不需要任何特殊的施药工具，使用者也不需要戴防毒面具。在土壤中，熏蒸剂透过胶囊释放出来，在整个使用过程中，几乎闻不到熏蒸剂的气味，能够保护使用者及旁观者的安全。该剂型使用方便，适用于中国小农生产的模式，并且较好地解决了熏蒸剂施用需要特殊工具和要远离人群的问题。

（5）火焰消毒技术。土壤火焰消毒技术是通过土壤火焰消毒机喷射出的1 300 ℃的高温火焰来瞬间杀灭土壤中病原微生物、杂草种子和地下害虫。与其他土壤消毒方法相比，火焰消毒有潜在的优点，绿色无污染，消毒后即可种植作物，不涉及有毒物质，对使用者安全，对环境友好，无农药残留问题，对地下害虫和土传病害有较好的控制效果等。

（6）生物熏蒸技术。生物熏蒸是用植物残渣、家畜粪便和海洋物品等有机物覆盖土壤，利用其释放出的有毒气体杀死土壤中的有害生物的一种方法。与其他土壤消毒方法相比，生物熏蒸有潜在的优点，特别是在设施应用上具有花费较少，不涉及有毒物质，对使用者安全，对环境友好等特点。目前，生产中常用的生物熏蒸主要有辣根素水乳剂。土壤起垄后，用完整的塑料薄膜覆盖地表，四周用土压实，防止辣根素气体挥发遗漏。然后打开滴管阀门，清水滴灌 30 分钟左右，在土壤中施入辣根素（每亩施用 20% 辣根素水乳剂 3～4 升），密闭 3 天后，揭开地膜 1～2 天后即可播种或定植作物。

（7）蒸汽消毒技术。 蒸汽消毒主要是依靠蒸汽机产生的热蒸汽来达到杀灭土传病害的目的。该法近年来的发展包括采用负压蒸汽消毒法，进一步提高蒸汽机的效率和增加蒸汽消毒的深度。由于该法消毒后只要冷却后即可栽种作物，因而在苗床和花卉栽培中应用最为广泛。

64. 常用的棚膜有哪几种？

棚膜品种很多，性能也不尽相同。目前常用的棚膜从材料上来分，主要有聚乙烯、聚氯乙烯和乙烯-醋酸乙烯成分制成的塑料棚膜。在常规厚度均为 0.1 毫米时，聚氯乙烯薄膜保温性最好，聚氯乙烯和乙烯-醋酸乙烯防雾滴效果好。

从结构性能上分为普通膜、防老化膜、长寿膜、多功能膜以及多功能复合膜等。

（1）普通膜。 普通膜的连续覆盖使用期为 4～6 个月，膜面易结露滴，影响透光。

（2）防老化膜。 防老化膜的使用期一般为 10～12 个月，连续覆盖可越过一个夏季，但不具有防雾滴性，保温性相对也差。

（3）长寿膜。 相对于防老化膜，长寿膜连续覆盖使用期比防老化膜长，在 24 个月以上，连续覆盖可越过两个夏季，其他性能与防老化膜一样。

（4）双除膜。 双除膜除具有防老化膜的特性以外，还具有防雾滴性。

（5）多功能膜。 多功能膜除了具有防雾滴、防老化性能外，还具有保温、散射光透过率较高的特性，一般具有防病害的功能。

(6) 有色薄膜。不同蔬菜在不同生长时期。需要特定的光质，如能根据光的需要使用不同颜色的薄膜，就可以促进蔬菜的光合作用。例如，紫色薄膜对蓝、紫、橙光透过率高，而对黄、绿光透过率低；红色薄膜对红光透过率高，而对黄、绿光透过率低。经试验，番茄在红色薄膜下增产效果明显。

65. 常用的地膜有哪几种？

地膜种类很多，根据塑料薄膜的不同厚度和宽度，又有各种不同规格。目前生产中常用的塑料地膜主要是无色透明地膜、有色地膜和特种地膜等。

(1) 无色透明地膜。无色透明地膜是应用最普遍的地膜，因此也称为普通地膜。目前生产中常用地膜厚度 0.01～0.02 毫米，幅宽 80～300 厘米，其透光率和热辐射率达 90% 以上，保温、保墒功能显著，还有一定的反光作用，广泛用于春季增温和蓄水保墒。缺点是土壤湿度大时，膜内形成雾滴会影响透光。

(2) 有色地膜。有色地膜是根据不同染料对太阳光谱有不同的反射与吸收规律，以及对作物、害虫有不同影响的原理，在地膜原料中加入各种颜色的染料制成的地膜。主要有黑色膜、银灰色膜等，根据不同要求，选择适当颜色的地膜，可达到增产增收和改善品质的目的。

① 黑色地膜。黑色地膜透光率只有 1%～3%，热辐射只有 30%～40%。由于它几乎不透光，阳光大部分被膜吸收，膜下杂草不能发芽和进行光合作用，因缺光黄化而死，因此除草、保湿、护根效果稳定可靠。黑色地膜一般可使地温升高 1～3 ℃，但自身也较易因高温而老化。

② 银灰色地膜。银灰色地膜厚度 0.015～0.02 毫米，透光率在 60% 左右，除具有普通地膜的增温、增光、保墒及防病虫作用外，突出特点是可以反射紫外光，能驱避蚜虫，减轻因蚜虫

传播的病毒病的发生和蔓延。主要用于夏秋季高温期间防蚜虫、防病、抗热栽培。

(3) 特种地膜。特种地膜是指有特殊功能的地膜，主要有除草膜、有孔膜、反光膜、渗水地膜等。

① 除草膜。化学除草膜是在薄膜制造过程中掺入除草剂的一类地膜。除草膜除具有一般地膜的增温、增光、保墒及防病虫作用外，还具有防除田间杂草的功能。除草膜覆盖后单面析出除草剂达 70%～80%，膜内凝聚的水滴溶解除草剂后滴入土壤，或在杂草触及地膜时被除草剂杀死。

② 有孔膜。有孔膜是在地膜吹塑成型后，根据作物对株行距的要求，经切割，在膜上打上大小、形状不同的孔，铺膜后不用再打孔，即可播种或定植，既省工，又标准。有孔地膜覆盖较普通地膜显著增强了土壤通气性，并能缓解土壤温度、水分变化，增加有益微生物，提高土壤酶活性，促进矿物质释放，从而进一步提高植株根、叶活力。但有孔膜专用性强，多用于设施蔬菜栽培。

③ 可降解地膜。目前国内外开发应用的可降解地膜种类主要有光降解地膜、生物降解地膜和光-生物复合降解地膜。可降解地膜有效覆盖期短，一般用于春季覆盖提温，在作物育苗、花生栽培时应用效果较好。花生田覆盖可降解地膜，覆盖前期可提高地温，促进营养生长，中后期分解成碎片，有利于花生果针下扎入土。

66. 农用地膜厚度如何选择？

农用塑料薄膜有各种不同的品种和规格。一般厚度为 0.01～0.015 毫米，厚度在 0.01 毫米以下的地膜由于难以回收且对土壤生态环境造成不良影响而在生产中被逐步淘汰，目前已禁止生产。地膜厚，覆盖效果好、有效期长，但用量大、成本高；

地膜薄、经济投入少、覆盖面积大，但地膜易破碎、在土壤中不易捡拾回收，会造成严重污染。我国严格禁止使用超微膜，国家对于农用地膜厚度的强制性标准限定最薄为 0.01 毫米（10 微米），美国一般要求在 14 微米，韩国是 12 微米。采用周年覆盖、一膜多用时应选择较厚的聚氯乙烯地膜，短期育苗可选择较薄的聚乙烯类地膜。同时也要根据生产条件选用，高寒阴湿区、土块大、杂草多的地块适宜用较厚地膜，反之则选用较薄地膜。

67. 如何计算地膜用量？

地膜的用量是由地膜的比重、厚度、覆盖田面积和理论覆盖度共同决定的。为了能比较准确地估算出所需地膜的用量，可采用以下经验公式计算：

地膜用量（千克）＝1.0×覆盖田面积×地膜厚度×理论覆盖度

式中：1.0 为地膜的平均比重，覆盖田面积单位为平方米，地膜厚度单位为毫米。

例如：覆盖番茄选用地膜厚度为 0.01 毫米，理论覆盖度为 85％时，每亩地膜用量约为：

1.0×667×0.01×85％＝5.67（千克）

地膜的实际用量会受到产品规格的限制，如，不同宽幅的产品，生产者选择时只能就高不就低，因此，地膜的实际用量往往比理论用量稍多，根据不同的畦宽，一般亩用量为 6～7 千克。

68. 设施番茄栽培如何做畦？

蔬菜栽培畦因当地气候条件、土壤条件及作物种类而异。常见的类型有高畦、平畦、垄和沟或不做畦等。对于番茄来说，尤其是在设施内种植番茄，根据目前的栽培方式和灌溉方式，主要选择小高畦，不推荐使用垄和沟甚至是平畦种植番茄。在生产中做畦和施底肥是同时进行的，具体步骤如下：

（1）首先将计划施用总量的50%有机肥和氮磷钾（NPK）三元复合肥均匀撒施到棚中，然后用旋耕机旋耕2次，深翻土壤，深度达30厘米以上。

（2）确定畦中心线位置，设施番茄一般为大小行栽培，畦间距为130～140厘米。确定好中心线后做好标记，并沿着中心线开沟，沟宽40厘米，深30厘米。

（3）将剩余的50%有机肥和氮磷钾（NPK）三元复合肥均匀施入沟内。

（4）作畦，日光温室选用南北畦式，塑料大棚选用南北或东西畦式，做小高畦，畦高20厘米，畦上口宽40厘米，下口宽60厘米。两畦中心间距130～140厘米。畦做好以后用脚踩实整平。

69. 浇地必须"浇透"才行吗？大水漫灌有什么缺点？

农民浇地有一种偏见，即认为浇地必须"浇透"才行。所谓的"浇透"指的是一次浇水后上部湿润土壤层必须与下部湿润土壤层相接。其实这并没有科学依据，因为作物在不同的生育阶段其根系层埋藏的深度不同，一般情况下苗期根系较浅，中、后期根系才发育延伸到一定深度，根系主要分布在30～40厘米的土层中，40厘米以下的水和肥料对于番茄生长没有实际意义。所以浇地时尤其是苗期，不需要把地浇透，即便是生长旺盛时也不需要把地浇透，只要满足作物根系层深度的储水要求即可。

大水漫灌是不科学的浇水方式。一是灌水主要会被株间蒸发和深层渗漏（田间渗漏）浪费掉。二是大量的肥料或营养物质都随着水渗漏到番茄根系活跃的耕作层以下，造成浪费。三是有大量的水消耗于无效的株间蒸发，棚室内湿度增大，尤其是在冬季低温和相对密闭的环境中，易引发病虫害。

70. 水肥一体化技术有何优点？

蔬菜水肥一体化技术就是通过灌溉系统为植物提供营养物质，在加压灌溉条件下，将施肥与灌溉结合在一起的一项技术。是按照作物的需水要求，通过低压管道系统与安装的施肥罐，将水与肥料完全溶解，以较小的流量均匀、准确地直接输送到作物根部附近的土壤中，减少了水肥的浪费。

蔬菜水肥一体化技术可有效提高化肥利用率，节省化肥，提高养分利用的有效性，促进植物根系对养分的吸收，提高作物的产量和质量，减少养分向根系以下土层的淋失，大幅度节省时间、简化运输，通过灌溉施肥系统实现精准施肥。

71. 适宜番茄生产的节水灌溉方式是什么？

蔬菜生产中的灌溉方式主要有畦灌、沟灌、膜下滴灌和膜下微喷。畦灌适用于叶类蔬菜生产，沟灌适用于露地蔬菜生产，而在设施番茄生产中，膜下滴灌和膜下微喷是最佳选择。此外，膜下滴灌还适用于大面积的露地蔬菜生产。

膜下滴灌是科技含量较高的节水技术，通过施肥罐同时把肥料加入灌溉系统，实现肥水共施，同时，通过覆膜减少地表蒸发。其主要关键点是滴灌管上设置有滴头，可使水以均匀的水滴形式滴入作物根部。其优点是节水70%以上；可灵活调控用水量，根据蔬菜生长规律，适时适量地向作物根部供水供肥，实现水肥一体化。缺点是水质不好容易堵塞滴头，水质要求高，水压设置要高并可控；投资较大，每亩投资在2 000元左右，技术要求高。适宜在日光温室种植效益较高的蔬菜或大面积蔬菜时应用。

膜下微喷节水技术的主要特点是在微灌带上均匀地留有许多小孔，没有滴头，水从小孔以低压小流量流出，将灌溉水供应到作物根区土壤，实现局部灌溉。在膜下作物根部或行间铺设微喷带，在一定压力下微流在作物根部进行灌溉。该技术的优点是可节水 50％以上；一次性投资少，菜农容易接受；能准确地控制灌水量，对水压和水质要求较低；在灌溉的同时，能实现肥水一体化。该技术同时也适宜于露地蔬菜和大中棚蔬菜产区应用。

72. 如何科学浇水？

设施蔬菜的水分管理，要看天、看地、看时间科学浇水。

(1) 灌水时间。 冬季温室浇水一般要选晴天，不宜在阴雪天；一天之中应选择在上午，不宜在傍晚，否则会造成棚内湿度过大，易引发病害。浇水也不宜选择在中午，以免高温浇水影响根系的生理机能。

(2) 灌水水温。 冬季温室灌水宜用地下井水直接灌溉，灌溉的水温最好不低于 2～3 ℃，切忌直接使用河水、水库水和池塘中的冷水灌溉。冬季蔬菜定植宜用 20～30 ℃的温水。

(3) 灌水水量。 温室蔬菜水分严重不足时会导致植株萎蔫和叶片焦枯，水分过多时因土壤缺氧易引起根系窒息腐烂，地上部分茎叶发黄甚至死亡。冬季温室灌水温度低，放风量小，水分消耗少，因此需小水勤灌。浇水量必须要与作物耗水和土壤蒸发量以及作物根系耐旱的程度相一致，既不能灌水过量也不能缺水。

(4) 灌水技术。 滴灌可有效地控制棚内空气湿度，减轻病虫害发生，保持有效的光热资源；滴灌还能有效地控制水量，减少土壤深层渗漏和肥料流失，改善土壤结构和通气性，促进作物生长发育。因此设施番茄生产中推荐使用滴灌。

(5) 灌后管理。灌水当天，为了尽快使地温恢复，一般要封闭温室以迅速提高室内温度。待地温提升后，对于喜欢空气干燥的作物应及时放风排湿，使温度降低到适宜的范围。苗期浇水后为增温保墒，应进行多次中耕，苗子长大后中耕易伤根，一般不再中耕。

73. 如何降低棚室湿度？

在设施蔬菜生产中，由于环境相对封闭，常常出现高温高湿的状态，这对植物生长是极其不利的。湿度过高，不仅会影响植株的蒸腾和呼吸作用，而且也给病虫害提供了生长的温床。因此，湿度的控制是设施番茄生产中重要的技术环节。在生产中，控制湿度可以从以下几个方面入手：

(1) 通风排湿。通风是棚室最基本的除湿方法。一天之内，通风排湿效果最好的时间是中午，因为这一时段棚内外湿度差别大，湿气比较容易排出；其他时段也要在保证温度要求的前提下，尽可能延长通风时间。即便是在最寒冷的冬季，每天早晨也需要打开风口进行短暂通风，并以温度为指征，温度高时，通风时间长，反之亦然。另外，还要特别注意在大棚浇水后2~3天、叶面喷肥（药）后1~2天、阴雨（雪）天和日落前后加强通风排湿。

(2) 覆盖地膜。设施番茄生产均需用地膜覆盖，由于地膜不透气，可以减少地面水蒸发和灌水次数，从而达到降低棚内空气湿度的目的。此外，覆盖地膜还可使10厘米处地温平均提高2~3℃，地面最低气温提高1℃左右，对植株的根系生长有利。

(3) 合理浇水。要做到"五浇五不浇"，即浇晴不浇阴（晴天浇水，阴天不浇水）、浇前不浇后（午前浇水，午后不浇水）、浇小不浇大（浇小水，不大水漫灌）、浇温不浇凉（冬季水温低，浇水时要选好时间，天气冷，水温低时尽量少浇水）、浇暗不浇明（浇暗水，不浇明水）。

（4）改进施药方法。冬季防治棚室蔬菜病虫害，要尽量采用烟雾法或粉尘法施药；如果采用喷雾法施药，要适当减少防治次数和喷液量，防止棚内湿度过高。

（5）选用无滴棚膜。选用无滴棚膜可以减少薄膜表面的聚水量，有利于透光、增温；对普通薄膜表面喷涂除滴剂，也可以减少薄膜表面的聚水量。

（6）中耕松土。地面浇水后，要及时中耕小高畦间和畦背，切断毛细管，阻止土壤下层水分向表层土中移动。

（7）人工吸湿。如果棚内湿度过大，可在行间撒一些稻草、麦秸、草木灰或细干土，也可在棚内空闲处堆放生石灰等吸湿性材料吸湿。其中，秸秆和稻草等材料吸湿后可运至棚外，在阳光下暴晒，待干燥后可循环使用。

74 高温强光季节如何遮阳降温？

设施温湿度的调节是蔬菜生产的重要环节，尤其夏季高温强光季节应做好遮阳降温工作，主要包括通风、遮阳网、利凉等温光调控技术。

（1）应用新型通风技术。将通风口提高至 2 米，通风口宽 2.3 米，长度均为 50 米，腰部通风面积达 115 米^2。当进入高温的夏季，棚门的两侧棚膜也被撤下，加大棚内的通风，有效地调节大棚内空气温湿度，降低病虫害的发生率。据调查，设置腰风口后棚内平均气温较常规大棚可降低 1.5～2.7 ℃，最大温差可达 4 ℃；棚内湿度在中午 12 时较底口通风可降低 6%～8%。

（2）遮阳降温技术。

① 遮阳网覆盖降温。即 6 月下旬至 9 月上旬，于晴日的 11:30 至 15:00 采用遮阳率 50% 的遮阳网覆盖降温，其余时间撤下，据调查，光照度可降低 55% 左右、降温效果达到 2 ℃以上。

② 应用新型遮阳降温材料-利凉。利凉是荷兰进口的产品，直接喷涂在大棚薄膜上可起到较好的遮光降温作用，并且应用方便，试验结果表明不同遮阳率可降温 1~2.7 ℃。

75. **增施有机肥有何好处？应注意什么问题？**

增施有机肥料，可以增加土壤有机含量，有机质经微生物分解后形成腐殖质中的胡敏酸，它可把单粒分散的土壤胶结成团粒结构的土壤，使土壤容重变小，孔隙度增大，能使雨水和地表径流水渗入土层中。有团粒结构的土壤能把入渗土壤中的水变成毛管水保存起来，以减少蒸发。因此，增施有机肥既能提高土壤肥力，又可改善土壤结构，增大土壤涵蓄水分的能力，增强根系吸收水分的能力，达到以肥调水、提高水分生产率的效果。

有机肥料必须经过腐熟后才能使用。这是因为：第一，有机肥料所含养分主要为有机态，而根系能吸收的养分主要为无机态，只有当有机肥在腐熟过程中，将有机态养分转化为无机态的速效养分，才能被蔬菜根系吸收。第二，有机肥如不经腐熟过程直接施入蔬菜根部，可能烧伤根系，严重时导致植株死亡。这是因为有机肥料在土壤中进行腐熟，产生大量热量，灼伤了植株根系。第三，有机肥在施用前经过腐熟，可利用腐熟过程中产生的大量热量，将有机肥料中的杂草腐化，病菌、寄生虫卵杀死，防止病虫草害滋生。

76. **测土配方施肥有什么作用？**

根据土壤情况配方施肥，能显著改善地力，在总耗水量相差不多的情况下，可使其产量显著增长，从而使耗水系数大幅度下降，水分生产率提高。一般可根据地力基础不同，土壤营养元素的丰缺情况确定施肥种类、用量和配合比例，确定适合本地区的节水增产配肥方案。

77. 什么是黄色粘虫板诱杀虫技术？

黄色粘虫板诱杀虫技术是利用昆虫的趋黄性诱杀农业害虫的一种物理防治技术，可诱杀蚜虫、白粉虱、烟粉虱、斑潜蝇等小型害虫。

使用方法：将黄板悬挂在温室、大棚风口、走道和行间，高度比植株稍高，太高或太低效果均较差。在生产番茄、黄瓜的日光温室内 1.5～1.8 米高处，每亩悬挂 50 厘米×50 厘米黄板20～25 个。一定要注意，黄板需要与防虫网配合使用，在设施的门口、风口处都应使用防虫网，以免黄板将棚室外的害虫吸引到棚室中。

特点：绿色环保，成本低。全年应用黄板诱杀设施内的害虫，可大大减少用药次数，可使蚜虫的虫口密度降低 20%～40%，每茬减少用药 5～8 次。

第六部分

设施番茄优质高效栽培

78. 番茄产量是由哪些因素决定的？

番茄产量主要由定植株数、单株坐果数和平均单果重决定，可用公式表示为：

产量＝定植株数×单株坐果数×平均单果重

定植株数取决于栽培形式、品种、整枝方式等，生产者可根据具体条件选定，一般每亩 2 800～3 200 株，一穗果高密度栽培时最高可达每亩 8 000 株。

坐果数取决于品种、育苗技术、花期管理技术和留果穗数等。生产中，塑料大棚一般选留 4～6 穗，春茬和秋冬茬日光温室可选择 4～8 穗不等，日光温室冬春茬生产最多可留 16 穗果。一般每穗留果 3～4 个较为适宜。

决定番茄产量的 3 项因素内，受栽培技术影响最大的是单果重。单果重取决于每个果实的细胞数和细胞大小。因此，培养花芽发育良好的壮苗，加强定植后的栽培管理，特别是果实膨大期的肥水管理对提高产量具有重要意义。

79. 番茄产品的品质包括哪些方面？

番茄果实品质主要包括外观品质、风味品质、营养品质和加工贮藏品质，其品质特性影响商品价值。消费者不仅追求果实外观、风味等感官品质，对其内在营养价值的要求也逐渐提高。

番茄果实营养丰富，常见的营养物质包括葡萄糖、苹果酸、多糖、类胡萝卜素、番茄红素等。番茄风味品质的主要决定因素是糖和酸的比率，主要取决于果糖和柠檬酸、葡萄糖和苹果酸的比率。类胡萝卜素对哺乳动物（包括人类）来说至关重要，因为它是合成维生素 A 的唯一来源，也是抵抗癌症的生物活性保护剂。番茄红素是类胡萝卜素的一种，广泛存在于番茄中，是一种天然色素，具有很强的抗氧化性，具有保护心血管、保护皮肤和增强免疫力的功效，已越来越多地应用于功能食品、药品和化妆品中。

80. 番茄落花落果的原因是什么？如何防止番茄落花落果？

番茄的食用部分为果实，因此落花落果就没有产量，进而影响效益，应引起重视。防止落花落果是日光温室春茬和塑料大棚越夏茬的重要技术环节，落花落果大部分出现在第一花序或第二花序，一般生产上平均落花率为 15%～30%，有时高达 40%～50%。

番茄除因发生各种病害虫害造成落果外，一般落果现象较少，而落花现象较为普遍。引起番茄落花落果的原因较多，主要有低温或高温等不良的生态条件，栽培密度过大、整枝打杈不及时等栽培技术不当，生产管理中造成的机械损伤等。因此，防止落花落果要严格控制生态条件，可采用人工辅助授粉和植物生长调节剂处理来显著提高保花保果率。人工辅助授粉可使用振荡授粉器或熊蜂授粉，植物生长调节剂处理目前生产上普遍应用的是用对氯苯氧乙酸喷花，不仅能保花保果，还可以促进果实膨大，提早成熟。

81. 人工辅助授粉能提高番茄坐果率吗？

番茄属于自花授粉作物，花药成熟后向内纵裂，散出花粉，落在柱头上完成自花授粉。但是在温度过低或过高时，番茄花粉便失去活力或者不能从花药中自由散出。白天温度低于 20～22 ℃，夜间温度低于 10～12 ℃时；或者白天温度高于 32 ℃，夜间温度高于 22 ℃，都会发生类似情况。

因此，通过人为摇动或利用振荡授粉器促进花粉散出并落在柱头上可以促进植株完成授粉，也称为人工辅助授粉。人工辅助授粉适宜时间为上午 9～10 时。

82. 番茄人工辅助授粉有哪些方式？

人工辅助授粉的基本原理都是通过一定的人为手段促进正常的授粉受精作用，进而促进坐果的。番茄设施栽培时，人工授粉可以借助摇动或振荡器进行，以促进花粉散出完成受精，也可利用熊蜂进行授粉。在人工辅助授粉的基础上，如果保花保果困难，则要施用坐果调节剂处理花序。

（1）振荡授粉器授粉。在番茄开花期，使用授粉器可辅助花粉散出，均匀地落在柱头上，促进自然坐果。平均坐果率达80％以上。使用振荡授粉器不仅可以有效提高坐果率，而且由于果实自然授粉，所以果实内汁液饱满，平均单果重增加，每亩可比对照增长 21.3％，另外果实均匀整齐，基本无畸形果发生，极大地提升了果实的商品性状。

番茄振荡授粉技术要点：待每穗花序有 2～3 朵花开放时开始使用，将授粉器电源开启，振针轻触花序柄 0.5～1 秒钟即可。授粉时期掌握在开放花朵花瓣展开 45°角时，授粉选择在棚室内空气相对湿度较小时进行，即上午 10 时至下午 4 时间。

（2）熊蜂授粉。熊蜂授粉技术早已被西方发达国家应用。该项技术近些年传入我国，应用面积也逐步扩大。熊蜂授粉只能用于设施栽培中，熊蜂飞到花朵附近时会用口器咬雄蕊，在这个过程中花药内壁破裂，花粉散出并落到雌蕊柱头上，进而完成受精。应用该项技术不仅可以大大地提高产量，更重要的是可以改善果菜品质，降低畸形果菜的比率，解决应用化学授粉所带来的激素污染等问题。因此，熊蜂成为温室蔬菜授粉的理想昆虫，利用熊蜂授粉也成为世界公认的绿色食品生产的一项重要措施。采用熊蜂授粉可以使番茄增产 20% 左右，同时减少灰霉病的发生。熊蜂授粉有如下几项技术要点：

① 放置熊蜂的准备工作。用 40 目防虫网封闭棚室顶部的通风口及棚室放风口，防止熊蜂逃逸，造成蜂群损失；使用熊蜂前 20 天，禁用吡虫啉、吡虫清等强内吸性杀虫剂。

② 熊蜂授粉的温湿度范围。温度需控制在 10～35 ℃，适宜温度为 15～28 ℃；湿度控制在 50%～90%。熊蜂授粉蜂群入棚时机为番茄开花达 5% 时；授粉蜂群最好在傍晚进棚，防止出现撞棚现象。

③ 熊蜂授粉蜂群放置。蜂箱搬进温室时要避免强烈振动，不可斜置或倒置；将蜂箱水平固定于温室后墙，水平放置。冬、秋季距地面 1.4 米左右；春、夏季节因棚温较高，应将蜂箱放在棚中最阴凉的位置，必要时可在蜂箱上方 0.5 米处加遮阳网；要防止蜂箱顶部棚体向下滴水损坏蜂箱；巢门朝南或东南方，便于熊蜂定向；蜂群放置后不可任意挪动巢口方向及蜂群位置，以免熊蜂迷巢死亡。

83. 促进番茄坐果的生长调节剂有哪几种？

对番茄具有保花保果作用的外源生长调节剂统称为番茄坐果调节剂。目前市场上销售的促进番茄坐果的调节剂均为生长素类似物，如对氯苯氧乙酸（番茄灵）、2甲4氯（2-甲基-4-氯苯氧乙酸）、萘氧乙酸等，有些产品是复合生长调节剂，如沈农丰产剂二号等。值得注意的是，不论使用哪种调节剂，都应符合国家相关要求，如 2,4-滴丁酯已被国家明令自 2023 年 1 月 29 日禁止使用，生产者在选择产品时要格外留意，以免因使用违禁产品而造成农产品质量安全隐患。

84. 如何使用番茄坐果调节剂？

番茄坐果调节剂通常的使用方法有涂抹法、蘸花法和喷雾法。不同激素种类使用方法不同。

(1) 涂抹法。 应用萘氧乙酸时可采用此种方法。注意高温季节取浓度低限，低温季节取浓度高限。首先根据说明配好药液，并加入红色或蓝色染料作为标记，然后用毛笔蘸取少许药液涂抹花柄的离层处或柱头上。

(2) 蘸花法。 应用对氯苯氧乙酸时可采用此方法。对氯苯氧乙酸使用浓度为 25～50 毫克/升，按照说明书配制。将配制好的药液倒入小碗中，将开有 3～4 朵花的整个花穗在激素溶液中浸蘸一下，然后用小碗边缘轻轻触动花序，让花絮上过多的激素流入碗中。这种方法防落花落果效果较好，果实大小整齐，成熟期比较一致，省工省力。

(3) 喷雾法。 使用丰产剂二号可以采用此方法。当番茄每穗花有 3～4 朵开放时，用装有药液的喷雾器对准花序喷洒，使雾滴布满花朵又不滴落。

使用坐果调节剂可以大大提高番茄坐果率，但如果使用方法不当，反而会适得其反，因此在使用中需要注意以下几点：

① 溶液最好是当天用当天配，配置药液时需要注意不要用金属容器，剩下的药液要在阴凉处密闭保存。

② 配药时必须严格掌握使用浓度，浓度过低效果较差，浓度过高易产生畸形果。蘸花时应避免重复处理。

③ 坐果调节剂处理花序的时期最好是花朵半开至全开时期，从开花前 3 天到开花后 3 天内处理均有效果，过早或过晚处理效果都会降低。

④ 使用喷雾法时，一定要用手遮挡住花序，将花序夹在中指和无名指间，花序在手心方向，药剂喷到手心处。这样做的目的是防止药剂喷洒到植株生长点上，否则植株生长点的生长将被抑制，呈现出类似蕨叶病毒病的症状。

85. 如何进行番茄打杈？

打杈即去掉番茄叶腋中长出的多余无用的侧枝。番茄侧枝发生能力较强，打杈可减少不必要的养分消耗，以保证营养向主干和花果运输。第一侧枝可留至 8 厘米时再去掉，其余的侧枝应当在萌芽状态时全部去掉。打杈不宜过早，否则会造成植株衰老；若打杈过晚，植株易发生徒长。适时打杈有利于增强植株中下位叶片的光合作用，改善田间群体结构，使果实采收期集中，提高早熟性和产量。

86. 整枝对番茄产量和品质有什么影响？

番茄生长期长，植株高大，生产中必须配合恰当的整枝方式才能获得高产。若不进行整枝，番茄将进入无序生长状态。对番茄植株进行整枝，可以调控植株营养生长和生殖生长平衡，促进花和果实发育，提高坐果率，是控制栽培密度、获得高产高效益的关键技术之一。通过对番茄植株进行适当整枝，可以促使果实提早成熟和发育，提升果实商品性。番茄整枝时要通过与打杈、摘心等方式结合，形成不同整枝方式，包括：单干整枝、双干整枝、换头再生整枝、连续摘心整枝等。

87. 如何进行番茄整枝？

(1) 单干整枝。目前，单干整枝是番茄生产上普遍采用的一种整枝方式，适宜密植早熟栽培。单干整枝即每株番茄只留一个主干，把所有侧枝都摘除，主干留一定果穗数后摘心。注意打侧枝时要彻底，严禁留有萌蘖，萌蘖将来还会长成侧枝，消耗养分。注意不要从基部掰掉侧枝，以防损伤主干。摘心一般都在最后一穗果上留 2～3 片叶，不宜靠近果穗摘心，因为果穗上部的叶片制造的有机物将运输到该穗果实中，促进果实膨大；此外，上部的叶片对果实也有一定的遮挡作用，在阳光照射强烈的地区，还可有效防止日灼病的发生。

(2) 双干整枝。双干整枝是在单干整枝的基础上，除留主干外，在第一花序下留一个侧枝作为第二个结果主干枝，除此以外，将两个主干上其余的侧枝全部摘除。双干整枝一般适用于生长势强、种子价格较高的中晚熟品种，双干整枝比单干整枝节省种苗投入，增加单株结果数和产量，但早期产量较低。在土壤栽培中，除樱桃番茄选择该种整枝方式，总体而言这种整枝方式应用较少，因为控制两个主干的生长平衡有很大难度。但在无土栽培条件下，双干整枝甚至多干整枝方式更为常见，因为可以通过调控营养液浓度来调节植株营养平衡。

(3) 换头再生整枝。换头整枝法可促进番茄连续结果，提高果实商品性和产量。这种整枝方式在日光温室越冬栽培中更为常见。由于越冬茬生长时间较长，有些品种在长 5～6 穗果实后，生长点开始衰弱，此时需要通过换头整枝使生长点复壮起来。主要操作是当主干第五或第六花序开花后留 2～3 片叶摘心，原先的主干保留 6 穗果生长。待第五穗果实膨大后，在出现的侧枝中保留一健壮侧枝作为结果主干，使其继续生长结果，再经过 4～5 穗果实后，可根据植株长势选择是否再次进行换头，形成多次生长的高峰。换头时注意，应避开 12 月中旬至 1 月下旬，因为这是一年当中气温最低的时段，植株生长缓慢，在逆境中对植株进行大幅度调整不利于植株生长。

(4) 连续摘心整枝。此方法在 20 世纪 90 年代比较流行，但在目前生产中应用的较少。具体做法是当第一、第二花序相继开花后，在第二花序上边留 2 片叶摘心，这个主枝叫作第一结果枝。从紧靠第一花序下的节位长出的第一侧枝要保留，留两个花序之后留叶摘心，作为第二结果枝。从第三花序下边长出的侧枝，再留两个花序以后留叶摘心，作为第三结果枝。如此留枝摘心可以使每株番茄保留 4～5 个甚至更多的结果枝，根据各结果枝留果穗数的多少，可分为连续 2 穗果摘心整枝法，即每个结果枝都留 2 穗果；连续 2 穗和 3 穗交替摘心整枝法，即第一、三、五结果枝留 2 穗果，而第二、四、六结果枝留 3 穗果；1 穗和连续 2 穗摘心整枝法，即先留 1 穗果后，每个结果枝留 2 穗果。连续摘心整枝法选留好结果枝以后，各结果枝上的侧枝要打掉。连续摘心整枝法原则上不摘叶，当花序和基本枝的透光性下降时，也要摘叶，但不可过多，同时连续摘心法要求水肥充足，以防衰秧。

第七部分

塑料大棚春提前番茄栽培

88. 春大棚番茄生产的气候特点是怎样的？

北方地区春大棚生产时，自然界的温度是由低向高方向变化，而番茄生长发育需求的温度也是由低向高，因此春大棚茬口生产条件符合番茄生长的规律，是最容易获得高产的一个茬口。根据北京市高产创建的经验，管理得当的情况下，番茄最高亩产可达 12 000 千克。本茬口生产时间较长，从播种至拉秧有 130～150 天，在不影响下茬生产的情况下，北京地区最多可留 5 穗果。

89. 春大棚番茄栽培品种要有哪些突出特点？

塑料大棚番茄春提前栽培，要选择耐低温、早熟、抗病、高产的品种。现在市场中番茄品种繁多，在品质、产量、抗病性等方面差异较大，选择品种时应符合当地的栽培习惯、设施类型和技术水平，注重品质及消费者需求等因素。

90. 适宜本茬口生产的番茄代表性品种有哪些？

适宜北京地区春大棚栽培的番茄品种主要有以下几个：

(1) 金冠58。杂交一代，植株无限生长型，生长势强，抗病性好，属中早熟品种，叶片较稀，叶量中等，在低温弱光下坐果能力强；成熟果粉红色，色泽鲜亮，果实高圆形，果实无绿肩，大小均匀，外形美观，单果重250～300克，最重可达800克，亩产可达10 000千克以上。该品种果皮厚，果肉较硬，耐贮耐运，货架寿命长，口感风味好。

（2）中研988。高秧无限生长型，早熟，粉红果，植株生长旺盛，抗病性强，最多可连续坐果17穗以上，且果个大小基本一致；植株长势强，果实大，单果重300～350克，丰产性好是该品种的突出特点；果实密度大，与同样果个大小的品种相比，单果重增加20%，果皮厚，耐贮运，商品性好是该品种的显著特点；适应性广、抗逆性强、耐低温弱光能力强；高温季节露地种植表现优良，果实膨大迅速，裂果极少，产量高，适宜设施、露地栽培。

（3）京采6号。无限生长型，早熟果实正圆形，单果重150～200克，果实粉红色，果肩部有明显绿肩。高抗黄化曲叶病毒病、抗叶霉病、抗烟草花叶病毒病、抗枯黄萎病、抗线虫病。

（4）桃星。日本引进的大型果番茄品种。无限生长型；粉果，单果重220～230克，畸形果少，果实较硬，耐贮运，可溶性固形物含量高，鲜食口感佳，对多种病害有复合抗性。

（5）粉红太郎3号。日本引进的大型果番茄品种。早熟性好，植株无限生长型，生长势较强，青果时略有绿肩，果实成熟后颜色靓丽；单果重220～240克，果实高圆形，硬度较好，可溶性固形物含量较高，适合鲜食，抗叶霉病、根结线虫病和番茄黄化曲叶病毒病。

（6）京番308。无限生长型。口感独特，果实苹果形，单果重100克左右，粉红色，汁浓酸甜，有番茄独特的香味，回味甘甜。

91. 生产茬口如何安排？

番茄是主要蔬菜作物之一，市场需求量大。春大棚番茄不仅种植面积大，而且产量高，是北方地区番茄的主要生产茬口。该茬口的气候特点为前期温度较低，后期温度较高且光照强，总体上有利于番茄的生长。以北京为例，在平原地区于 2 月上中旬播种育苗，3 月下旬定植（双膜多重覆盖可提早至 3 月中旬），5 月下旬开始收获，7 月上中旬拉秧；山区于 2 月上中旬播种育苗，4 月上旬定植，6 月上中旬开始采收，7 月下旬至 8 月上旬拉秧，也可进行越夏生产。

92. 安全定植有哪些指标要求？

气温和地温是衡量幼苗能否安全定植的两个重要指标。定植前需连续在棚内进行测量，当棚内最低气温稳定在 10 ℃以上、10 厘米深地温稳定在 12 ℃以上，即在"冷尾暖头"时，方可定植。如果没有连续记录的仪器，应注意测量的时间，塑料大棚气温的最低值出现在日出前后，地温最低值出现在日出后 2 小时左右。

93. 定植前需要做哪些准备？

定植前 20 天必须扣好棚膜，每亩均匀施入商品有机肥 3 000～4 000 千克或农家肥（以腐熟鸡粪为例）10 米³，磷酸二铵 50 千克，硫酸钾 15 千克，土壤深翻 30 厘米以上。然后做成小高畦并铺设好滴灌带，畦间距 1.3 米，畦高 15～20 厘米。

视频 4
定植前整地施肥

94. 春大棚番茄定植有哪些技术细节？

(1) 选择时间。选择晴天上午定植，更有利于植株缓苗。

(2) 幼苗消毒。在定植前一天，苗床喷施 75％百菌清可湿性粉剂 800 倍液或 50％多菌灵可湿性粉剂 1 000 倍液灭菌。

(3) 选苗分级。定植时根据健壮程度对幼苗进行初步分级，壮苗定植在大棚的东西两侧，弱苗定植在大棚中间部位。

视频 5
定　植

(4) 定植技术。定植前应将地膜铺好，采用滴灌的还应将滴灌装置提前装好。定植时带土坨定植，不能定植太深，也不能定植太浅，土坨与畦面平齐即可，或者土坨平面稍高于畦面。推荐定植密度为 3 000～3 200 株/亩，大行距 80 厘米，小行距 50 厘米，株距 32～35 厘米。定植后浇足底水，滴灌每亩浇水 15～20 米^3。

95. 如何应对倒春寒？

倒春寒是指初春（一般指 3 月）气温回升较快，而在春季后期（一般指 4 月或 5 月）气温较正常年份偏低的天气现象。气象学中，受较强冷空气频繁袭击后，气温下降较快，并持续时间达 1～2 个星期以上的前暖后冷才称作"倒春寒"。

番茄是喜温作物，春季栽培过程中遭遇低温或霜冻易受害。棚内气温长时间处于 5～10 ℃时，植株叶片就会呈暗绿色或水渍状；长时间处于 5 ℃以下的低温环境里，植株叶片会因冷害失绿呈白化状；若棚内气温更低，到 0 ℃时，番茄植株将受到冻害影响，甚至出现死亡现象。

预防番茄低温危害，在选用抗寒、耐低温和弱光品种的基础上，可在寒流来前 1～2 天，配合喷洒 0.3％磷酸二氢钾，提高幼苗抗寒抗逆性。突遇降温，应采用烧煤炉等临时加温措施。

96. 如何实现提早定植？

为了实现提早定植，除了要选择早熟耐低温品种和培育壮苗之外，可利用多重覆盖实现提早定植。

（1）确定定植日期。运用多层覆盖可比常规春大棚生产提前 7～10 天定植。生产者需根据当地春大棚生产时间确定定植日期，北京地区春大棚定植日期为 3 月下旬，一般可确定为 3 月 15 日前后定植。

（2）提前 20 天扣膜封棚。在定植前 20 天，将大棚硬件工作准备好，扣好棚膜，田间清理干净，并均匀撒施充分腐熟的有机肥，有机肥的施用最好采用撒施和沟施相结合的方法，即先将有机肥总量的 50％均匀撒施地表，其余 50％待做畦时沟施畦底，注意有机肥用量要充足，这是高产的基础，根据近几年的高产示范点经验分析，以每亩 10 米³ 为宜。有机肥施好后将棚封严以提高地温、提温化冻。

（3）提前 10 天整地做畦。在定植前 10 天进行整地做畦，土壤深翻 30 厘米以上，并整平耙细、起垄做畦。结合做畦沟施入余下的 50％有机肥（5 米³ 左右），同时每亩沟施复合肥 70 千克。在畦式的选择上，建议采用东西向小高畦，畦高 15～20 厘米、大沟宽 80 厘米、小沟宽 50 厘米，铺设好滴灌带并扣好地膜。

（4）提前 7 天造墒提温。定植前 7 天，于大行、小行间浇足水，一是为了减少定植时的浇水量，避免地温降低而影响缓苗，二是为了利用水热容量较大的特性提高地温，维持温度的稳定。之后继续封棚提温。

（5）**提前 2 天多重覆盖。**定植前 2 天，搭好二道幕，二道幕要选用流滴性能好的薄膜、厚度一般为 0.014 毫米，并准备好插小拱棚的细竹竿或其他拱架材料和地膜，之后继续封棚提温。

97. *如何进行缓苗期管理？*

此阶段管理应以升温保温为主，定植后需闷棚 1 周左右，尽量提高白天棚内气温，保持在白天 30 ℃左右，温度达 32 ℃以上时可短时间通风，夜间棚内气温应保持在 15～18 ℃之间。通风时应该注意，应采用腰风口或者顶风口通风，尽量避免放底脚风，造成"闪苗"。在此阶段，不需要浇水，也不需要施肥，因为根系还没有适应新环境，吸收功能有限。当定植的植株心叶开始变成嫩黄色时，说明根系已经开始活动，心叶开始生长，至此缓苗期结束。

视频 6
缓苗期管理

98. *如何进行蹲苗期管理？*

此阶段管理以"控"为主。缓苗后要有明显的蹲苗过程，可适当降低温度，控制浇水，同时进行中耕松土。白天温度控制在 25 ℃左右，夜间在 13～15 ℃，蹲苗具体时间应根据幼苗长势和地力因素来决定，一般为 10～15 天。

视频 7
蹲苗期管理

99. *如何进行开花坐果期管理？*

此阶段管理的要点是"促控结合"。开花坐果期应适当控制温度，进行变温管理。即一天低温、一天高温交替进行以增强植株的抗逆性。低温白天温度维持在 24～26 ℃，夜间维持在 14～

16 ℃；高温白天温度在 30 ℃左右，夜间维持在 18～20 ℃。水分管理的原则是不浇水，保持室内空气湿度在 60％～70％。在开花坐果期不追肥，重点是控制水分。

100. 如何进行结果期管理？

此阶段管理以"促"为主。第一穗果生长到核桃大小时进入果实膨大期，生产管理要以"促"为主，光照充足的条件下，白天控制温度在 23～30 ℃，夜间 15～18 ℃。水肥管理以少量多次为原则。每 7～10 天浇水一次，保持室内空气湿度在 50％～60％。在每穗果进入果实膨大期时追肥一次，以高钾配方肥为主，如氮磷钾含量为 19 - 8 - 27 或 17 - 9 - 34 等，每亩每次用 5～8 千克，采用水肥一体化滴灌施肥。此阶段也可进行叶面追肥 3～5 次，可选用 0.3％浓度的磷酸二氢钾喷施，也可喷施其他效果好的商品叶面肥。

当最高的目标果穗开花时，穗上留 2～3 片叶及时摘心。第一穗果进入绿熟期后，要及时摘除其下全部叶片，枯黄、病叶和老叶也要及时摘除，这样能够起到通风透光、减少消耗、防止病虫害等作用。之后每穗果实进入绿熟期后都应及时摘除该穗果实下部所有的叶片。

每一穗番茄坐果后应当及时疏果，一般每穗选留 3～4 个周正均匀果，其余全部疏除。每穗花在坐果后晚开的花蕾也应及时疏掉。当果实达到商品成熟后要及时采收销售，最好在采收同时进行分级，便于销售和短期贮运。

第八部分
塑料大棚秋延后番茄栽培

101. 秋大棚番茄生产的气候特点是怎样的?

北方地区秋大棚生产时,自然界的温度是由高向低方向变化,而番茄生长发育需求的温度是由低向高,二者变化方向相反,故称为逆温栽培。此茬口生产,苗期生长正处于全年温度最高的时期,对幼苗植株生长非常不利。对于设施番茄生产来说,降温比增温难度更大,是本茬口生产中的技术难点。进入结果期和果实成熟期时,果实转色需要一定积温,9月初至9月20日这段时间,外界气温适合番茄生长发育要求,属于适温阶段,随后外界和棚气温均开始下降,对番茄生长发育不利。因此秋大棚栽培番茄生长时间比较短,从播种至拉秧仅有110~130天,6月20日至10月底可以进行生产,北京地区最多可留5穗果,9月5日以后开的花坐果后无法成熟。

102. 秋大棚番茄栽培品种要有哪些突出的特点?

秋大棚栽培番茄应选择苗期抗热、后期抗寒的品种,生产中可根据当地的消费习惯等选用抗热性强、抗寒性强、抗病性强、成熟期相对集中的优良品种。需要特别注意的是,高温季节是各类病毒病特别是番茄黄化曲叶病毒病和褪绿病毒病高发的季节,在发生严重的地区必须选用相关的抗病品种,否则一旦发病将造成严重的产量损失，不可弥补。此外，生产中还应注意：苗期要重点防雨、降温、预防病毒病；中期要充分利用适宜的气候条件，加强管理，促进植株和果实的发育，为丰产打下基础；后期要加强防寒保温，尽量延迟拉秧，提高番茄产量和品质。

103. 适宜本茬口生产的番茄代表性品种有哪些？

(1) 浙粉 702。 早熟，无限生长类型，长势较强，叶色浓绿，叶片肥厚；第一花序节位 6～7 叶，花序间隔 3 叶，连续坐果能力强；果实高圆形，幼果淡绿色、无青肩，果面光滑，无棱沟；果洼小，果脐平，花痕小；成熟果粉红色，色泽鲜亮，着色一致；平均单果重 250 克左右（每穗留 3～4 果）；果皮、果肉厚，畸形果少，果实硬度好、耐贮运，商品性好，品质佳，宜生食。高抗番茄黄化曲叶病毒病、抗番茄叶霉病。

(2) 瑞粉 882。 见本书第三部分中"国内有哪些番茄优良品种系列？"。

(3) 金鹏 11。 见本书第三部分中"国内有哪些番茄优良品种系列？"。

(4) 京彩 8 号。 高品质草莓柿子新品种，无限生长型，控水栽培，单果重 130～200 克，未熟果有明显的条状绿肩，成熟果粉红色，口感细腻，酸甜可口；正常控水栽培可溶性固形物含量可达 7%以上，特殊栽培可溶性固形物含量可达 9%左右。该品种叶片深绿，长势较好，高抗番茄黄化曲叶病毒病，对根结线虫病及叶霉病抗性强。

(5) 粉红太郎 3 号。 早熟性好，植株无限生长型，生长势较强，青果时略有绿肩，果实成熟后颜色靓丽，硬度较好，单果重220～240 克，果实高圆；果实品质很好，可溶性固形物含量较高，非常适合鲜食，抗叶霉病、根结线虫病和番茄黄化曲叶病毒病。

104. 生产茬口如何安排?

秋播品种苗龄不宜过长,一般 20~25 天即可,根据北京地区平原的气候条件,可在 6 月下旬至 7 月上旬播种,7 月中旬至下旬定植。值得注意的是,播期一定要掌握好,播种过早,容易感染病毒病,或者由于前茬作物没有及时收获而不能定植,导致幼苗苗龄过长,引起徒长;播种过迟,结果期推迟,后期温度下降,果实难以成熟,产量损失严重。若前茬作物是生产结束较早的作物(如春大棚西瓜等),播种期可进一步提前至 5 月下旬至 6 月上旬,7 月初定植,可延长生育期 20 天左右,但栽培管理难度进一步增大,若管理得当,最多可采收 5 穗果。

105. 定植前需要做哪些准备?

每亩均匀施入商品有机肥 1 000~2 000 千克或农家肥(以腐熟鸡粪为例)3~4 米³,磷酸二铵 50 千克,硫酸钾 15 千克,土壤深翻 30 厘米以上。然后做成小高畦,畦间距 1.3 米,高 15~20 厘米,定植前需安装好滴灌带,还需扣好棚膜,进行避雨遮阴栽培,裙膜可以暂时卷起或以后再加。

106. 秋大棚番茄定植有哪些技术细节?

(1)选择时间。选择在阴天或晴天下午 4 时以后定植,避免植株因蒸腾量过大而萎蔫。

(2)幼苗消毒。在定植前一天,苗床喷施 75%百菌清可湿性粉剂 800 倍液或 50%多菌灵可湿性粉剂 1 000 倍液灭菌。

(3)选苗分级。要选择大小一致的壮苗定植。弱小苗暂时先剔除,幼苗不够时可将其集中定植到一起,严禁大小苗混合定植，否则管理难度进一步加大。

（4）定植技术。 带土坨定植，可以适当深栽，有利于缓苗，但土坨平面不可低于畦面，每一畦上两行要栽在同一水平线上。推荐定植密度为 2 800～3 200 株/亩，大行距 90 厘米，小行距 40 厘米，株距 30～35 厘米。定植时最好每隔 3～4 株在苗间多栽一棵，一旦以后出现病毒病等可以及时换苗。本茬口生产前期高温，可不覆盖地膜。定植时可采用先浇水后定植的方式，每亩地浇定植水 15～20 米^3。若选择先定植后浇水的方式，定植和浇水间隔时间不宜过长，以免幼苗脱水萎蔫。

107. **如何进行缓苗期管理？**

缓苗期塑料大棚要昼夜通风，白天若是晴天，可以较长时间覆盖遮阳网遮光降温。地温过高时，可用滴灌方式适当浇水，不要有明水浇到植株。此时期一般不需要追肥。遇到下雨天气时要适时关闭顶风口，防止雨水淋到植株，并注意防止雨水从棚的两侧进入棚内，若雨水进入棚内，需及时排水。

108. **如何进行开花坐果期管理？**

此期间为生产的高温季节，要适当控制浇水，出现干旱造成植株萎蔫的情况时再少量浇水。不宜早打侧杈，一般在侧枝长到 8 厘米以上后再疏除，这样能够在前期促进番茄根系快速生长，有利于开花坐果。为防止棚内温度过高，应采用移动式的遮阳网进行降温，一般在晴天的上午 10 时到下午 4 时使用，注意不可连续覆盖，下午 4 时后遮阳网应撤掉。有条件的可在棚膜外侧喷涂遮阳降温材料如利凉等，该类产品对光照的透过影响较小，仅在喷涂一段时间内有效，随着时间的推移和雨水的冲刷，降温材料会自动失效，不会影响到秋季以后棚内的采光和增温。

在番茄第一穗果开花前要及时吊蔓，可用防老化的银灰色尼龙绳及时绕蔓，绕蔓时要使花序尽量向外，便于后期蘸花保果等管理。每隔一段时间，当植株生长点伸长并开始出现歪斜情况时，需按照顺时针方向进行绕蔓。

番茄在秋季高温时节生产时，总体坐果情况不如春季，遇到高温或连阴雨天气坐果情况更差，可使用坐果调节剂如沈农番茄丰产剂二号（每5毫升兑水0.4～0.5千克）、对氯苯氧乙酸等进行喷花保果，保果药剂要当天配制当天使用，使用时间在上午8～10时或下午3～5时。使用时要在每穗有3～4朵开花后喷花，并防止药液喷到其他部位和重复喷施。当第一果穗的大部分果长到核桃大时，植株进入生殖生长和营养生长并进的快速生长阶段，要及时追肥浇水（进入下一阶段）。

109. 如何进行结果期管理？

北京地区从9月5日后不再进行喷花保果，因为此后开的花结出果实在拉秧前已经不能充分膨大。

当天气预报夜间最低气温在15℃时要及时上好裙膜，夜间闭严大棚。有条件的生产者，生产进入果实快速膨大期闭严大棚后，可以在晴天上午适当补充二氧化碳气肥。施用方法有：①购买二氧化碳气肥分解袋。②充分燃烧沼气、液化石油气等。③购买二氧化碳气瓶释放。④强酸和碳酸铵肥料化学反应放出。

每一穗番茄坐果后都应当及时疏果，一般每穗选留3～4个周正均匀果，其余全部疏除。每穗花在坐果后晚开的花蕾也应及时疏掉。当果实达到商品成熟后要及时采收销售，最好在采收同时进行分级，便于销售和短期贮运。在10月中下旬棚内出现短时8℃以下温度时，需要把秧上未熟的青果摘下贮藏后熟（采用乙烯利催熟），采摘应在上午露水蒸发后进行，轻拿轻放，不可堆放，要摊开并经常分拣成熟的果实，及时上市。

110. 秋大棚番茄栽培中容易出现的问题有哪些？

(1) 易发生病毒病。 秋大棚番茄生产正值炎热的夏季，高温环境给病毒病的发生创造了温床。我国夏季全国各地普遍高温，按北京的气温条件，在有病毒病病原存在的情况下，7 月 15 日以前播种的植株，播种越早，病毒病发生的可能性越大、病情越重。近几年在我国北方地区肆虐的番茄黄化曲叶病毒病和褪绿病毒病，夏季也是其高发期，给生产带来了巨大的损失。播种较晚的，后期果实膨大与成熟时，对病毒病发生不利，因此发病较轻，对生产影响很小。但是在实际生产中为了获得高产，不得不进行适当早播。防止病毒病发生，成为秋大棚栽培的管理重点之一，要从品种选择入手，选择抗病品种，同时还需要通过播种期调控、苗期管理等多方面进行综合预防。

(2) 植株易徒长。 苗期生长处于高温季节，秧苗生长速度极快，春季生产可通过控水防止徒长，但高温季节不可单纯控水。一方面植株易脱水萎蔫，另一方面控水将加大病毒病发生的可能性。在夏季生产中降温十分困难，如何防止徒长，是秋大棚管理的又一重要内容。控制徒长可从以下两方面着手：

① 增施腐熟有机肥。加大有机肥使用量可提高土壤溶液浓度。当土壤溶液浓度升高时，可增加浇水量，这时植株不易过量吸水而导致徒长，另外在浇水过程中还可以降低地温，不仅对控制植株徒长有一定效果，同时还可以有效降低病毒病的发病率，一举两得。

② 使用矮壮素。苗期喷洒促使植株矮壮的生长调节剂，对于预防徒长有一定效果。一般可用 0.05% 的矮壮素，在幼苗 3～4 片叶和 6～7 片叶苗龄时，各喷一次。目前，鉴于市场对产品质量安全的要求较高，使用该项技术应注意从正规渠道购买正规产品；另外要注意避免因过量使用造成植株过度矮化而减产。矮

壮素不能代替施肥，只能防止徒长，不能像施肥一样同时增加产量，使用矮壮素时还需要同合理的肥水管理相配合。

(3) 花朵少。 秋大棚育苗期夜温较高，植株生长速度快，体内物质积累少，对花芽分化不利，一般很少出现复花穗，花朵数也偏少。所以秋大棚育苗期间，尽量采取措施降低夜温，在昼夜通风的基础上，适当施肥，增加养分供应，促使植株体内物质积累，促进花芽分化与发育。

(4) 易出花前枝。 所谓花前枝，即花序前端本应成为 1 朵花的位置，变成了叶片或枝条。形成花前枝的原因很多，有遗传因素，也有栽培因素。作为栽培种，产生花前枝主要是栽培因素造成的。当植株处于花芽分化时期，体内营养物质积累不足，本应变成花芽的原始体，因缺乏成花激素而变成了叶芽，生长点继续分化成一个新枝条，秋季植株徒长时，花穗前端较易形成花前枝。控制徒长，加强苗期营养，可减少花前枝的形成。

(5) 出现茎穿孔现象。 秋季由于高温、徒长，有时部分植株茎变扁而粗，严重者则在茎先端附近出现纵向裂沟，继而茎中出现裂缝，裂茎附近节间变短或形成畸形茎。出现裂茎的植株，落花率增高，原因是徒长植株易出现缺硼现象，影响了花的发育。如果生产上曾经发生过茎穿孔现象，应采取以下方法预防：种子用 0.02%～0.03% 硼砂水浸种 24 小时，然后播种；定植前施底肥时，每亩地条施硼砂 1.0～1.5 千克；生育期中，用 0.25%～0.5% 硼砂水叶面喷施，每隔 7 天喷施 1 次，连喷 3 次。

第九部分

日光温室秋冬茬番茄栽培

111. 秋冬茬番茄生产的气候特点是怎样的？

此茬口继秋大棚番茄生产之后，生长期气候条件与秋大棚生产类似，自然界的温度是由高向低方向变化，而番茄生长发育需求的温度是由低向高，也属于"逆温栽培"。苗期处于高温强光季节，植株易徒长，且控制病虫害发生有一定难度；定植后生长前期温度非常适宜，结果期之后气温逐渐下降直至降到全年外界气温最低的阶段。

112. 秋冬茬番茄栽培品种要有哪些突出的特点？

秋冬茬栽培番茄应选用苗期抗病性强、后期耐低温弱光、硬度高、耐贮运的品种，另外由于供应元旦市场，所以在产量和果实商品性上也有较高要求。特别需要指明的是，本茬口由于播种期在9月之前，是番茄黄化曲叶病毒病的高发时期，故必须要选择抗番茄黄化曲叶病毒病的品种，否则一旦发病，往往会造成整棚拉秧，损失惨重。

113. 适宜本茬口生产的番茄代表性品种有哪些？

（1）浙粉702。我国自主培育品种，该品种早熟，无限生长类型，幼果无绿果肩；成熟果粉红色，单果重 200～230 克，果实高圆形，商品性好，耐贮运，适应性广，适宜京郊日光温室栽培。高抗番茄黄化曲叶病毒病、叶霉病、番茄花叶病毒病和枯萎病。

(2) 迪安娜。以色列品种，抗黄化曲叶病毒病早熟粉果番茄，无限生长型，生长势强；果实硬，耐贮运，萼片平展美观，连续坐果能力强，单果重 220～260 克，综合抗病能力强，适宜日光温室秋延后、越冬及春提前栽培。

(3) 欧美佳。荷兰品种，无限生长型，中早熟，长势旺，高抗黄化曲叶病毒病，耐寒性强，在低温弱光下仍能正常膨果；果色粉红鲜艳，果实略高圆，单果重 250～300 克，果脐小，果肉厚，硬度高，口味佳，适宜北方地区秋延、越冬及早春设施栽培。

(4) 欧盾。美国培育品种，该品种中早熟，果皮坚硬，不易开裂，特耐运输；生长势强，连续坐果能力强；无限生长型，果实近圆形，无绿肩，成熟果实粉红色，果形光滑圆整，大小均匀，抗病性好，单果重约 200 克，在北京地区冬季日光温室生产中表现良好。

(5) 仙客 8 号。我国自主培育品种，该品种无限生长型，中熟品种；未成熟果实呈浅绿色，成熟果粉红色，无绿肩，平均单果重 200 克；高硬度、果皮韧性好，耐裂果性强；抗根结线虫病，同时还具有对枯萎病、番茄花叶病毒病和叶霉病的复合抗性。在根结线虫病发生严重的地区的日光温室生产中表现更为突出。

(6) 欧官。以色列培育品种，无限生长型；坐果率高，耐裂果，果个大小整齐，果实近圆，果色鲜红发亮，无绿肩，口感好，优果率 96％以上，果肉坚硬，耐贮运；单果重 200～220 克。

114. 生产茬口如何安排？

根据定植期按日历苗龄向前推算，即为适宜的播种期。实际日历苗龄除理论日历苗龄外，还应考虑分苗次数和定植前秧苗锻炼天数。一般来讲，目前规模化的生产都采用的是穴盘育苗，因此不需要进行分苗，这使得育苗的速度有所加快。在北京地区，一般选择在 7 月中下旬至 8 月中旬播种比较合适，8 月中下旬至 9 月中旬定植，采收期从 10 月中下旬至翌年 1 月上旬，主要供应 10 月至翌年元旦期间的番茄市场，一般在春节前拉秧。这样不仅符合植株的生长规律，而且果实成熟时间正好是国庆和元旦时期，效益较高。

115. 定植前需要做哪些准备？

日光温室生产与塑料大棚生产有一定的区别，由于生产时间相对较长，且设施类型也不同，因此需要从棚室准备开始。生产前首先应对棚室进行全面消毒，并清除上茬作物留存的残枝败叶。冬季生产对棚体设施的结构和覆盖材料均有一定要求。首先是尽量使用新换的棚膜，这样更有利于透光，棚膜最多使用 2 年后就需要更换，有条件的每年都应更换新的棚膜。检查棚体是否有透风口并进行修缮，检查棉被及卷帘系统是否完好。

提前进行整地做畦，土壤深翻 30 厘米以上，做成小高畦，畦间距 1.4 米，高 15～20 厘米，同时安装好滴灌带并覆膜。每亩均匀施入商品有机肥 2 000～3 000 千克或农家肥（以腐熟鸡粪为例）10 米^3，磷酸二铵 50 千克，硫酸钾 15 千克。

116. 秋冬茬番茄定植有哪些技术细节？

(1) 选择时间。选择晴天午后定植。

(2) 幼苗消毒。在定植前一天，苗床喷施 75％百菌清可湿性粉剂 800 倍液或 50％多菌灵可湿性粉剂 1 000 倍液灭菌。

(3) 选苗分级。要选择大小一致的壮苗定植，进行简要的分级。健壮的幼苗可以定植在棚室东西侧以及前屋面地脚处，弱小的苗可以定植在棚室的中央或靠近后墙位置。

（4）定植技术。带土坨定植，不能定植太深，也不能定植太浅，土坨与畦面平齐即可，或者土坨平面稍高于畦面，每一畦上两行要栽在同一水平线上。推荐定植密度为 2 800～3 200 株/亩，大行距 90 厘米，小行距 40 厘米，株距 30～35 厘米。定植后浇足底水，每亩滴灌浇水 15～20 米^3。

117. 如何进行缓苗期管理？

刚定植时，外界气温适宜番茄生长，缓苗期日光温室可昼夜通风，白天保持 25～28 ℃，夜间 15～20 ℃。此时期一般不需要浇水和追肥，仔细观察幼苗，一周左右后，当生长点附近叶色变浅，呈黄绿色，心叶伸展时，表明已缓苗，应进行中耕以保墒，防止营养生长过旺。

118. 如何进行开花坐果期管理？

此期间生产外界环境条件比较适宜，番茄植株生长迅速，应控制好棚室内的温度，白天在 20～25 ℃，夜间不低于 10 ℃。不宜早打侧杈，一般在侧枝长到 8 厘米以上后再疏除，这样能够在前期促进番茄根系快速生长，有利于开花坐果。

在番茄第一穗果开花前要及时吊蔓，可用防老化的银灰色尼龙绳及时绕蔓，绕蔓时要使花序尽量向外，便于后期蘸花保果等管理。每隔一段时间，当植株生长点伸长并开始出现歪斜情况时，需按照顺时针方向进行绕蔓。

开花后可使用坐果调节剂如沈农番茄丰产剂二号（每 5 毫升兑水 0.4～0.5 千克）、对氯苯氧乙酸等进行喷花保果，保果药剂要当天配制当天使用，使用时间在上午 8～10 时或下午 3～5 时。

使用时要在每穗有 3～4 朵开花后喷花，并防止药液喷到其他部位和重复喷施（具体使用方法同春大棚）。

在此阶段，尽量不浇水施肥。当第一果穗的大部分果长到核桃大时，植株进入生殖生长和营养生长并进的快速生长阶段，此时才需要及时追肥浇水（进入下一阶段）。

119. 如何进行结果期管理？

这一时期是整个生产的关键时期，温度管理在每天 8～17 时控制在 22～26 ℃，17～22 时控制在 15～13 ℃，22 时至翌日 8 时控制在 13～10 ℃。9 月下旬以后，天气渐凉，可将温室前近地面处安装薄膜作为二道幕进行保温，但此时仍保持通风，当夜温降到 13 ℃以下，夜间关闭通风口，注意防寒。进入 10 月，外界气温更低，按照风口由大到小的原则管理。10 月下旬时夜间应用棉被进行保温。

土壤的浇水管理要做到"见干见湿"，保持浇水追肥的均匀、及时、足量。这样才能提高产量、防止裂果、同时有利于防治病虫害。土壤保持湿润，防止忽干、忽湿，否则容易产生裂果。

此阶段植株需要大量的水肥供应以促进高产。追肥原则上每穗果在迅速膨大期时追 1 次肥，2 次追肥中间浇 1 次清水。追肥以高钾配方肥为主，如氮磷钾含量为 19 - 8 - 27 或 17 - 9 - 34 等，每亩每次用 5～8 千克，采用水肥一体化滴灌施肥。另外，进入结果期后应适当补充二氧化碳肥，可使用二氧化碳吊袋肥（前面章节已介绍过），悬挂于作物生长点上方 0.5 米，按"之"字形均匀吊挂，每亩用 20 袋左右。

保持膜的透光性良好，并经常保持膜面清洁，白天及时揭开棉被。进入 12 月光照渐差，应及时清洁透明屋面，减少积尘。在温度能保证番茄正常生长下，最好在后坡挂反光幕。阴天后的暴晴天，要适当进行遮阳，减弱光照强度，避免植株受到生理伤害。

当最上目标果穗开花时，穗上留2～3片叶及时摘心。第一穗果进入绿熟期后，要及时摘除其下全部叶片，对枯黄叶、病叶和老叶也要及时摘除，起到通风透光、减少消耗、防止病虫害的作用。之后每穗果实进入绿熟期后都应及时摘除该穗果实下部所有的叶片。

120. 如何进行果实催熟？

番茄果实在温度较低的条件下转色缓慢，为了加速果实转色和成熟，在日光温室秋冬茬番茄生产中可用集中加温处理或乙烯利人工处理的方法催熟。

（1）集中加温处理。番茄果实红熟过程就是番茄红素形成的过程，番茄红素形成需要20℃以上温度，因此可将白熟期的果实采收后集中堆放到温度较高的地方，并采取加盖棉被等方法提高温度，促使果实提早成熟，此法可比自然状态下提早红熟2～3天。

（2）乙烯利人工处理。处理方法分为采收前和采收后两种。

采收前用乙烯利处理方法：将乙烯利溶液抹在植株白熟期的果实上，这样果实色泽品质较好，但较费工。可采用戴上棉手套，在乙烯利溶液中浸一下后立即在果实上涂抹的方法，但要注意，在植株上涂抹时，不可将药液滴在叶片上，否则会引起叶片枯黄脱落。

采收后用乙烯利处理方法：将白熟的果实采摘后，放在1 000～2 000毫克/升的40%乙烯利溶液中浸一下取出，在20～25℃的温度环境下密闭，经3～5天即可转红。

第十部分

日光温室冬春茬番茄栽培

121. 日光温室冬春茬番茄生产的气候特点是怎样的？

北京地区冬春日光温室番茄生产是重要的生产茬口，可有效缓解"冬淡季"蔬菜供应压力，同时种植者还可获得较高的经济效益。冬春茬生产全过程按照"秋季—冬季—春季—夏季"的顺序历经全年的四季，气候复杂多变，是番茄生产各个茬口中难度最大的。生产的前期从定植一直到翌年1月自然界的温度是由高向低变化，属于"逆温栽培"，是生产的关键时期，随后环境温度将逐渐上升至适温阶段，有利于植株生长。根据选择的品种和栽培管理情况，本茬口生产最多可坐14~16穗果实，全年亩产可达15 000千克以上，北京市最高产量纪录为亩产25 083千克。

122. 番茄冬春茬生产对场地选择和设施结构有哪些要求？

在冬季日光温室生产中，为了满足番茄对温度条件的需求，要求日光温室具有良好的增温、保温效果，冬季最低温度保持在8℃以上。为了达到这样的温度效果，要求日光温室设施结构要规范，具体应以下几方面考虑：

(1) 场地的选择。 场地的选择对结构性能，环境调控，经营管理等影响很大。因此，在建造设施前要慎重选择场地。

① 为了多采光要选择南面开阔、无遮阴的平坦矩形地块。因温室和大棚大型化，利用坡地平整时既费工又增加费用，也在整地时使挖方处的土层遭到破坏，使填方处土层容易被雨水冲刷下沉。因此，建造大型温室最少应有 150 米长度的慢坡地。

② 为了减少炎热天气和风压对结构的影响，要选择避风的地带。冬季有季节风的地方，最好选在迎风面有山、防风林或高大建筑物等挡风条件的地方，但这样的地方又往往变成风口或积雪大的地方，必须事先搞好调查研究。另外，夏季还需要有一定的风，风能促进通风换气和作物的光合作用，所以也要调查风向、风速的季节变化，结合布局选择地势。

③ 温室和大棚主要利用人工灌水，要选择靠水源近、水源丰富、水质好的地方。水质不好不仅影响作物的生育，而且也影响锅炉的使用寿命。

④ 要选择土质好、地下水位低、排水良好的地方。地下水位高，不仅影响作物的生育，还能造成高温条件，易使作物发病，也不利于建造锅炉房。

⑤ 为了使基础坚固，要选择地基土质坚实的地方。如果修建在地基土质软，即新填土的地方或沙丘地带，基础容易动摇下沉，须加大基础或加固地带，进而增加造价。

⑥ 为了便于运输建造材料，应选离居民点、高压线、道路较近的地方。

⑦ 温室和大棚地区的土壤、水源、空气如果受到污染，会给蔬菜生产带来很大危害，影响人民群众的健康。因此，在有污染的大工厂附近最好不要建造温室和大棚，特别是这些工厂的下风或河道下游处。如果这些厂对污水和排出的有害气体进行了处理，那么就可以建设温室和大棚。

⑧ 在现代化大型温室和大棚的实际生产中常常需要用电，因此，应考虑电力供给、线路架设等问题。要力争进电方便，路

线简捷，并能保证电力供应。在有条件的地方，可以准备两路供电或自备一些发电设施，供临时应急使用。

⑨ 为了节约能源，减少建设投资，降低生产开支，有条件时应该尽量选择有工厂余热或地热的地区建造温室、大棚，充分利用这些热能。

(2) 温室的设计与施工。日光温室，顾名思义指以日光为主要能量来源的温室，由后墙、山墙、透明前屋面、后坡和保温覆盖材料围护而成，主要用于园艺作物的反季节生产，因此，温室温光性能的高低决定着生产的成功与否，尤其是用来进行番茄冬季生产的温室，需要更好的透光能力和增温保温性能。而温室的温光性能取决于其各部位的尺寸、规格和用材。因此，温室的建造不能盲目施工，要请专业人员根据本地区的地理纬度和气候特点，依据相关标准来科学设计，并请专业施工队按照图纸规范施工，才能建造成采光性能好、蓄热能力强、保温且坚固耐用、成本低廉的温室。

123. 冬春茬番茄栽培品种要有哪些突出特点？

由于冬春茬番茄生产时间长，气候环境复杂多变，因此在品种选择上一定要多下功夫。本茬口生产播种期一般是 8 月下旬，正值番茄黄化曲叶病毒病高发时期，定植前期处于低温、弱光环境，后期高温高湿易使植株感染病害，因此本茬口生产选用的品种应该具有如下特点：

(1) 植株栽培性状好，适宜设施栽培。如生长势中等，叶量疏密适中，有利于通风透光。在低温、低光（光照弱、光照时间短）或阶段高温、低温条件下，生长发育及结果性状好。

(2) 连续坐果能力较强，产量高，果形大而美观，品质好，耐贮运。

(3) 抗病性好，特别是高抗番茄黄化曲叶病毒病，同时对灰霉病、叶霉病、早疫病等常规病害也应有较好的抗性。

124. 适宜本茬口生产的番茄代表性品种有哪些？

（1）**浙粉 702**。无限生长型，中早熟，长势旺，高抗黄化曲叶病毒病，耐寒性强，在低温弱光下仍能正常膨果。果色粉红鲜艳，果形略高圆，单果重 250～300 克，果脐小，果肉厚，硬度高，口味佳，适宜北方地区秋延、冬春及早春设施栽培。

（2）**迪安娜**。以色列品种，抗黄化曲叶病毒病，早熟粉果番茄，无限生长型，生长势强，果实硬，耐贮运，萼片平展美观，连续坐果能力强，单果重 220～260 克，综合抗病能力强，适宜日光温室秋延后、冬春及春提前栽培。

（3）**粉妮娜**。荷兰品种，无限生长型早熟品种，植株生长势强，不早衰，连续坐果能力强，高抗黄化曲叶病毒病、叶霉病。果实为高圆形，果面光滑，着色一致，大小均匀，幼果无绿果肩，单果重 220～280 克，果坚，不裂果，货架期长，适宜北方地区秋延、冬春及早春设施栽培。

（4）**金棚 10 号**。中国品种，无限生长类型早熟品种，抗番茄黄化曲叶病毒病、番茄花叶病毒病，幼果无绿肩，成熟果粉红色，果实表面光滑发亮，果脐小，畸形果、裂果较少。一般单果重 200～250 克，果实硬度好，耐贮运，货架期长，适宜北方地区日光温室冬春及春大棚栽培。

（5）**绿亨 108**。无限生长型，中熟，生长势极强，叶量中等，耐低温性好。果实高圆形，成熟果粉红色，果肉硬度高，外观及口感优秀，低温环境不易产生畸形果、裂果及花疤果，商品率高。单果重 230～260 克。高抗番茄花叶病毒病，抗叶霉病。

（6）**欧盾**。美国品种，该品种中早熟，果皮坚硬，不易开裂，特耐运输；生长势强，连续坐果能力强。无限生长型，果实近圆形，无绿肩，成熟果实粉红色，果形光滑圆整，大小均匀，抗病性好，单果重约 200 克。在北京地区冬季日光温室生产中表现良好。注意，该品种不抗番茄黄化曲叶病毒病，在 9 月以后播种的，可以选择本品种。

（7）仙客 8 号。中国品种，该品种无限生长型，中熟品种。未成熟果实呈浅绿色，成熟果粉红色，无绿肩，平均单果重 200克。高硬度、果皮韧性好，耐裂果性强。抗根结线虫病，同时还具有对枯萎病，番茄花叶病毒病和叶霉病的复合抗性。在根结线虫病严重发生的地区日光温室生产中表现更为突出。注意，该品种不抗番茄黄化曲叶病毒病，在 9 月以后播种的，可以选择本品种。

125. 生产茬口如何安排？

日光温室冬春茬番茄生产上市时间为春节到五一期间，是所有设施番茄生产中最重要的茬口。北京地区保温性能较好的温室（冬季棚内最低气温 ≥8 ℃）可在 7 月中下旬播种，9 月上旬定植，保温性能一般的，应在 8 月下旬至 9 月上旬播种，10 月下旬至 11 月上旬定植，两个时段播种都有可能获得高产。

每年的 1 月上旬至 6 月上旬番茄价格处于高位，根据近几年的情况分析，播种期选择在 8 月下旬至 9 月上旬左右，10 月下旬左右定植，即可使番茄采收期处于高价位区间。播种过早，苗期高温易感染黄化曲叶病毒，后期植株易衰老，在温室保温性能不佳的情况下越冬困难，造成提前拉秧，影响产量；播种过晚，定植后秧苗生长处于低温，管理难度加大。一般情况下，虽然播种早的生产时间长，但是由于到一年中气温最低的时候苗龄偏大，因此从越冬的角度讲，难度比播种晚的要大。

126. 定植前需要做哪些准备？

定植前需要开展整地、施肥、做畦等一系列准备工作。具体如下：

（1）有机肥基肥施用。 根据北京地区的亩产 15 000 千克高产经验，在整地时要施入充足的有机肥，推荐亩用量 16～20 米^3，有机肥种类以充分腐熟的鸡粪、猪粪等动物粪便为主。在施用方式上，50％的有机肥在耕翻之前撒施，余下的有机肥在作畦时沟施。

（2）化肥基肥施用。 番茄生产中还需要在底肥中施入速效性肥料以满足植株前期生长对养分的需求，通过连续多年对全市高产示范点的分析，要想获得高产，在基肥中每亩应施用氮∶磷∶钾＝15∶15∶15 的三元复合肥 80～100 千克。

（3）深翻土壤。 番茄的根系异常的发达，最深可达 1 米，大部分的根系都分布在 10～40 厘米的土层中，因此，要保证栽培土壤疏松，在施入充足有机肥的前提下，要深翻土壤，最好达到 30 厘米以上的深度，以利于根系的生长。

（4）整地作畦。 选用南北畦式，做小高畦，畦高 20 厘米，畦上口宽 40 厘米，下口宽 60 厘米。两畦中心间距 140 厘米。畦做好以后用脚踩实整平。（具体方法详见第五部分的"设施番茄栽培如何做畦？"）

（5）铺设滴灌带并扣地膜。 两滴灌带间距 20 厘米，铺好打开阀门后检查滴灌系统，从土地上潮湿印记判断滴孔是否堵塞和滴灌是否均匀，对发现的问题及时解决。滴灌系统检查完毕后扣 0.14 毫米白色地膜，扣地膜后不必全部用土埋实，隔一段压一些土，防止薄膜吹起。11 月中旬以后再将膜用土封严。

127. 冬春茬番茄定植有哪些技术细节？

（1）幼苗消毒。 在定植前一天，苗床喷施 75％百菌清可湿性粉剂 800 倍液或 50％多菌灵可湿性粉剂 1 000 倍液灭菌。

（2）**选苗分级**。定植时根据健壮程度对幼苗进行初步分级，壮苗定植在温室的东西两侧和温室前部，弱苗定植在温室中间部位。

（3）**定植技术**。定植的适宜生理苗龄为植株长出 4～5 片真叶，采用大小行定植，推荐定植密度为每亩 3 200 株，大行距 90 厘米，小行距 50 厘米，定植株距掌握在 32 厘米。定植不要过深，以坨面与畦面持平为宜，若是嫁接苗要保证嫁接愈合处位于地面之上，定植后浇透定植水。滴灌条件下，推荐浇水量每亩 15～20 米^3。

128. **如何进行缓苗期管理？**

（1）**温度管理**。定植后缓苗期间尽量提高温度，以利缓苗，白天可超过 32 ℃时再放风，最高不超过 35 ℃，待温度下降到 28 ℃时再关闭风口，放风时只宜在屋脊处开小口，夜间保证温度在 18～20 ℃，一般 5～7 天后，当心叶开始生长时，表明幼苗已缓苗成活。

（2）**水肥管理**。此阶段不需要浇水也不需要施肥。

129. **如何进行蹲苗期管理？**

（1）**温度管理**。此阶段目的是为了调节地上部分（茎叶）和地下部分（根）关系，特别是促进根系的生长，白天温度应控制在 25 ℃左右，夜间气温控制在 13～15 ℃，根据气温情况及时调节风口大小和放风的时间。

（2）**水肥管理**。此阶段仍不需要浇水和施肥，以"控"为主，浇水施肥会引起地上部分徒长，不利于根系生长。

（3）**土壤管理**。蹲苗期间可进行 2～3 次中耕，增加土壤通透性，保水保墒，另外还可切断部分侧根，促进根系生长。

130. **如何进行开花坐果期管理？**

（1）**温度管理**。此阶段管理以"促控结合"为原则，采用一天高温、一天低温的模式以增强植株抗性。高温白天温度应控制在 30 ℃左右，夜温 18～20 ℃，低温白天 24～26 ℃，夜间 14～16 ℃，直至果实坐住并开始膨大。

视频 8
整枝打杈

（2）**水肥管理**。此阶段不需要浇水也不需要施肥。

（3）**植株调整**。及时进行整枝打杈，第一侧杈长至 8 厘米时再去掉，其余侧枝全部去掉。采用吊蔓方式引导植株向上生长，每畦的两行植株分别向上吊蔓，避免吊在同一铁架上。

131. **如何进行结果期管理？**

（1）**温度管理**。此阶段管理以"全面促进"为原则，应尽量把环境温度调节到番茄适宜生长的温度。白天 23～30 ℃，夜间 15～18 ℃。通过调节风口和收放棉被来实现对温度的调控。

（2）**水肥管理**。以果实膨大为标志进行浇水和施肥，每穗果实膨大到核桃大小时随水追施高钾配方肥一次，每次每亩浇水 10～12 米^3，施肥 5～8 千克。长季节生产时应注意，连续结果几穗之后，若发现植株生长出现衰弱，可改用氮磷钾比例为 20-20-20 的平衡肥追肥一次，可使植株有效复壮，随后再施用高钾配方肥。在冬季 12 月到翌年 2 月，为避免空气湿度过高，发生病害，一般根据果实和当时气温情况每 15～20 天浇一次水，在 3 月以后可以每 10～15 天浇一次水。

（3）**植株调整**。日光温室番茄冬春茬生产时间较长，整个生长季植株高度可达数米，由于生长空间有限，必须采用合适整枝方式调整植株形态，给植株合理的生长空间。另外，超过 8 穗以后，特别是国内品种，应当采用换头技术，使生长点有效复壮。

132. 如何提高棚室的光照度、延长光照时间？

由于该茬口番茄生长前期处于光照较弱的季节，因此在这一阶段应尽量增加棚内的光照度以满足植株生长需求。番茄需日照时长 12～15 小时，光补偿点约为 2 000 勒克斯，光饱和点约为 70 000 勒克斯，适宜光照度 30 000～50 000 勒克斯。即使是晴天，日光温室后部 2 米左右区域接收到的光照度也不能满足番茄生长所需，因此增加光照度是挖掘日光温室后部增产潜力的重要措施。提高光照度的措施包括：

（1）尽量选用透光性能好的聚氯乙烯耐老化无滴薄膜，并注意及时清扫膜上面吸附的灰尘。

（2）在温度条件允许的情况下应尽量早揭晚盖棉被，延长光照时间，并注意在阴天也要揭苫见散射光。

（3）在秧苗缓苗后及时张挂反光幕。注意，反光幕只能挂在后屋面上，不能挂在后墙或是后墙的立柱之前。

133. 冬季温室增温保温措施有哪些？

日光温室冬春茬番茄生产是全年生产难度较大的一个茬口，主要原因是冬春茬栽培将经历全年温度最低的冬季，因此，在不利的天气条件下顺利越冬是获得高产的重要前提。在生产中原有的温室设施结构是很难改变的，因此，在现有的设施结构条件下可以通过增温保温措施来提高温室的冬季保温性能。可选择以下的一种和几种方法：

（1）后坡增厚。 对于薄后坡，在外面加厚 10 厘米以上旧草苫或 20 厘米厚的作物秸秆等，外层用旧薄膜覆盖并做好防水。

（2）**墙体外挂保温板**。对于温室墙体厚度不够的，可根据经济情况在后墙和山前外侧贴 5～10 厘米厚度的聚苯板，增强棚室的保温性。

（3）**前底脚防寒**。在日光温室前屋面底脚处内侧和山墙两侧挖宽 30 厘米的防寒沟，深度最好达到当地冻土层，内填充炉渣、秸秆等隔热材料，或埋设 10 厘米厚的聚苯泡沫板，减少土壤热量的横向传导，提高温室南部地温；在前屋面前底脚外地表覆盖两块旧草苫，放棉被前立起一块；在前屋面前底脚内侧增加一道裙膜。

（4）**前屋面保温**。选用聚氯乙烯长寿无滴消雾多功能薄膜或聚烯烃膜，厚度在 0.14 毫米，并经常擦拭保持清洁。利用保温被做保温覆盖，厚度达到 4.0 厘米，重量达到 1.2 千克/米^2。

（5）**应用秸秆生物反应堆**。在定植前，按照栽培畦的大小挖宽 60～70 厘米、深 25～30 厘米的沟，内填秸秆 2 500～5 000 千克/亩，并在其上撒上专用微生物菌 8 千克/亩，覆土 20 厘米厚，浇透水，10 天后定植蔬菜作物。秸秆在微生物作用下可逐渐分解，可提高根层土壤温度 2 ℃以上；还可以增加室内二氧化碳浓度；改善土壤的物理性质，增加透气性和持水能力。

（6）**覆盖防雪膜**。在夜间或降雪天气，在温室保温被或草帘外侧覆盖一层旧棚膜，即可起到保温作用，又可防止降雪浸湿保温被。雪后可将防雪膜撤去，与此同时积雪也很容易清除。

（7）**临时加温**。遇极端气候条件时，为确保喜温蔬菜安全生产，可采取临时加温措施，如"燃烧块"、温室"热宝"、临时火炉、燃油热风炉等。

134. 阴雪天气要注意哪些问题？

北方地区在冬季生产中，经常会遇到大雪和连阴天，这是冬季生产中的关键节点，如果处理不好，植株长势将急转至下甚至出现由于整棚受到冷害或冻害影响而拉秧的情况，生产损失严重。因此，生产者应密切关注天气预报，在大雪降温天气来临前、来临时以及来临后做好以下几点：

(1) 雪前检修设施。大雪来临前检修设施骨架，在设施内较为脆弱的部位，如大棚的拱架中间或温室拱架的中间增加临时立柱以增大设施的抗压能力，以免大雪损坏设施。

(2) 雪中使用防雪膜。在棉被外再覆盖一层废旧塑料作为防雪膜，有利于大雪中和结束后将积雪除掉，防止雪水浸湿棉被压坏棚室，如遇到暴雪应边下雪边扫除。

(3) 雪天棉被晚揭早盖。虽然阴雪天光照较弱，但白天也必须揭开棉被让植株见散射光，晚上必须盖棉被。雪天缩短见光时间，但中午前后打开棉被，2~3小时后放下棉被。

(4) 久阴乍晴防闪苗。为防止植株在久阴暴晴或阴雪连续几天无法揭棉被后突然见强光而造成损害，在揭草苫棉被时，用卷帘机应先揭开一半，下午3时以后再将其全部揭开，使植株逐步适应强光。

(5) 雪后植株防病。阴雪天后，棚室番茄易发生病害，要进行病害防治。病害防治的关键是防，主要通过清除病残体减少病菌来源。一般连续阴雪天后蔬菜就容易发病，所以要关注天气预报，在阴雪天来前进行预防。发现有病害发生时，要及时摘除病叶、病果，及时用药进行防治。采用烟熏剂防治病害，防止湿度增加。

第十一部分

日光温室春茬番茄栽培

135. 日光温室春茬番茄栽培有什么特点？

本茬口在华北地区主要在2月及其稍后时间定植，产品上市处在春淡季。该茬口安排可保证五一期间的上市供应，因为节日市场需要量大，经济效益较高。该茬口的特点是：苗期和生长前期处于低温、低光照条件，植株生长缓慢，苗龄长，秧苗易徒长，易发生低温危害，对花芽分化也不利，所以选择品种时要考虑无限生长类型、耐低温、耐弱光、耐高湿和不易徒长品种，栽培管理上要考虑保温、增光等措施。

136. 日光温室春茬番茄适宜品种有哪些？

适宜本茬口栽培的品种较多，下面仅就北京地区生产应用列出几个品种供生产者参考。

（1）浙粉702。杂交一代番茄新品种。早熟，无限生长类型，抗番茄黄化曲叶病毒病、叶霉病、番茄花叶病毒病和枯萎病；幼果无绿果肩，成熟果粉红色，单果重250克。果实高圆形，商品性好，耐贮运；适应性广，稳产高产。

（2）中研988。高秧无限生长型，早熟，粉红果，单果重300～350克，植株生长旺盛，抗病性强，可连续坐果17穗以上，且果个大小基本一致。植株长势强，果实大，丰产性好是该品种的突出特点；果实密度大，与同样果个大小的品种相比，单果重增加 20%，果皮厚，耐贮运，商品性好是该品种的显著特点；适应性广、抗逆性强、耐低温弱光能力强。

（3）粉妮娜。荷兰品种，无限生长型早熟品种，植株生长势强，不早衰，连续坐果能力强，高抗黄化曲叶病毒病，叶霉病。果实为高圆形，果面光滑，着色一致，大小均匀，幼果无绿果肩，单果重 220～280 克，果坚，不裂果，货架期长，适宜北方地区秋延、冬春及早春设施栽培。

（4）京番 308。无限生长型，口感独特，果实苹果形，单果重 100 克左右，粉红色，汁浓酸甜，有番茄的独特香味，回味甘甜。适合冬春、早春、秋延温室栽培。

137. 日光温室春茬番茄栽培如何确定播种期？

适宜的播种期取决于定植期，定植期则要根据当地气候和日光温室的性能来确定，北京地区普通日光温室播种期一般在 12 月上中旬，定植期为 2 月中旬至 3 月上旬，4 月下旬开始收获；高效节能型日光温室播种期可提前到 11 月上中旬，定植期为 1 月下旬至 2 月上旬。如果播种过早，苗龄过长，容易形成徒长苗或小老苗并出现畸形花；苗龄过短，未见花蕾，定植后易徒长，影响早期产量和产值。

138. 日光温室春茬番茄如何选择育苗场所？

无论使用高效节能日光温室还是使用普通性日光温室，育苗时期外界气温过低，要求育苗过程，特别是花芽分化及发育时期的温度应比定植时生长环境温度提高一个档次，即日光温室栽培，要求在有加温设备条件下育苗，不应片面强调日光温室不可加温。日光温室是靠阳光辐射增温，如遇连阴天，室内温度就难以保证，而且即使晴好天气，白天温度有保证，但严寒时期（12月下旬至翌年1月下旬）的夜温仍然偏低，不能满足番茄发育要求。一般番茄在偏低温下慢速生长，将形成大量畸形花，严重时出现无生长点苗（秃尖苗）。生产中曾经因为上述原因发生多次纠纷事件，农民认为是种子问题，提出索赔要求，但事实的真相是育苗时的气温、地温条件恶劣，影响了幼苗的生长发育。为了培育优质壮苗，避免发生不应有的纠纷，这里特别强调，该茬的生产用苗应该在有补充加温设备的温室中育苗，如果实在无条件加温，则应适当推迟播种日期。

139. 日光温室春茬番茄栽培定植时应注意什么？

当日光温室内夜间温度达 10 ℃以上时就可定植。在北京地区，普通日光温室在 2 月中旬至 3 月上旬定植。各地要因地、因时、因棚来确定最佳的定植时期。

一般选取晴天上午进行定植，每畦栽两行，株距 30～35厘米。栽苗的深度以不埋过子叶为准，适当深栽可促进不定根发生。如遇徒长苗，秧苗较高，可采取卧栽法，将秧苗朝一个方向斜卧地下，埋入 2～3 片真叶无妨，定植后每亩浇18～20 米^3 水。

140. 日光温室春茬番茄定植后管理的目标是什么？

定植后进入开花坐果期，生长特点是：植株由以营养生长为主过渡到以营养生长与生殖生长并进的生长发育状态。管理目标为促进缓苗、保花保果，使秧果协调生长，争取早熟、高产。

141. 如何进行温度管理？

定植后 5～7 天，尽量提高温度，原则上不放风，如遇晴天中午，气温达 30 ℃时才可放风。当看到幼苗生长点附近叶色变浅，表明已经缓苗，开始生长，为预防营养生长过旺，应降低温度，白天以不超过 25 ℃为宜，夜间 10～15 ℃；开花以后可适当提温，白天最高不超过 28 ℃，夜间温度不低于 10 ℃；第一穗果进入膨大期后，气温掌握在 10～30 ℃，一般晴天上午达 28 ℃开始放风，傍晚气温降至 16 ℃关闭放风口；结果期降低夜温有利果实膨大，昼夜温差可加大到 15～20 ℃。遇阴雪天亦应适当放风换气、排湿，并保持一定的昼夜温差。

根据植物的光合作用与呼吸特性，可在设施内实行变温管理，以有效提高产量。变温管理是将一天的温度分为 4 个阶段：第一阶段是 8:00～13:00 温度保持在 25～28 ℃，可确保光合作用的充分进行；第二阶段是 13:00～18:00 温度逐步降至 18～20 ℃，使温度与逐渐减弱的光照相适应；第三阶段是 18:00～24:00 保持较高夜温 16 ℃，以促进光合产物运转；第四阶段是翌日 0:00～8:00 保持较低夜温 10 ℃左右，若阴天就保持夜温在 7～8 ℃，以减少呼吸消耗，增加光合产物体内积累。

142. 如何进行放风管理？

结合温度管理进行放风，以达到排湿、换气、降温的目的。当室内空气湿度超过 75%时，极易发生真菌类病害，降低室内空气湿度是设施栽培综合防病的重要内容。除地面覆盖外，降低空气湿度主要靠科学放风。但是放风量过大室内温度又会随之下降，温度与湿度之间形成一对矛盾。如何保证光合作用所需要的较高温度，又能排出室内的湿气呢？这就必须依据变温管理的要求，上午少放风，使室内温度尽快达到要求，在适宜的高温条件下，光合产物增加。有资料报道，温室蔬菜一天内的光合产物总量中，约有 70％是上午制造的，因此上午应少放风，而且升温后，可使棚布上、叶面上的水珠汽化，此后打开通风口，在降温的同时，可迅速排出水汽，降低空气湿度，并换入新鲜空气。如遇阴天，室内虽达不到 28 ℃，到当日 13：00 左右，也要开通风口，进行换气，增加室内氧气。

何时关闭通风口？本着阳光不再照到透明屋顶，闭合通风口后，室内温度不再回升为原则。如果关闭风口后，室内温度又升高，会产生新的水汽，到了夜间，室内温度下降后，这些水汽必然凝结成水珠，落回叶片上，容易引发一些病害。因此，防止夜间结露，对预防病害是至关重要的一个措施。

有的农民认为不加温的温室夜温低，为使白天的热量留在室内，下午早早关闭放风口，将热量留在室内，岂不知这样将水汽也圈在室内，夜晚温度下降后，水汽凝成水珠（结露），室内如同下雨，给病害的发生创造了有利条件。因此，通过环境控制，合理放风，减少病害，是冬季生产的管理重点之一。

143. 如何进行光照管理？

定植初期，正处在光照弱的季节，提高室内光照度十分重要。首先，每日要清洁薄膜上的尘土，也可在后屋面悬挂镀铝聚酯镜面反光幕，在冬季反光幕前 0～3 米，平均照度可增加 9.1％～44.5％，并有利于增加气温、地温，消除室内弱光低产带。蒲席和草苫应尽可能早拉晚盖等。

144. 如何进行肥水管理？

番茄要注意水分的管理，定植成活后，灌水不宜过多，保持畦土湿润稍干为宜。降雨时应注意排水，畦沟内不可有积水，防止忽干忽湿，以减少裂果及顶腐病的发生。在开花前2～3天和第一穗果实膨大之前要各浇一次开花水和催果水。以后根据实际情况确定浇水次数。当新生叶尖清晨有水珠时，表明水分充足，幼叶清晨浓绿时可考虑浇水。

追肥也应视植株长势而定，当叶色浓绿，叶片卷曲等，表明肥力充足；相反，叶片变薄，叶色变浅，新出枝梢变细，下叶过早黄化等，表明肥力不足，应及时追肥。

水肥管理以少量多次为原则，采用水肥一体化技术施肥，每7～10天浇一次水，每次浇水6～8米³，进入果实膨大期时，开始追肥，以高钾配方肥为主，如氮磷钾含量为19-8-27或17-9-34等，每次用5～8千克，若天气炎热，棚内温度过高导致植株萎蔫严重时，可适当增加浇水频次，每次浇水4～6米³。

另外施用二氧化碳肥可以提高产量。有研究数据表明，设施内二氧化碳浓度提高到0.1%，可提高产量10%～30%。施肥方法有二氧化碳发生器法和化学反应法两种。化学反应法是：在晴天日出后，不开风窗的前提下，每1 000米³空间，每日需将2.3千克浓硫酸兑入3倍水中，配成1∶3的稀硫酸溶液，再与3.6千克碳酸氢铵混合，经化学反应生成二氧化碳，其浓度约达0.1%，闭棚2个小时以上，当棚温达30℃时开窗放风。连续使用35天，可达到提高产量的目的。遇阴天不施，反应后的化肥还可作追肥使用。

145. 日光温室春茬番茄如何保果促进早熟？

定植后管理重点是确保第一穗果坐住，并且果实正常膨大，这不仅有利早熟，达到高收益目的，并且第一穗果坐住，发育良好，可以赘住秧的生长，防止植株徒长。若第一穗果坐不好，容易疯秧，植株形成头重脚轻株型，必将影响到早熟、高产和高效益目标的实现。

　　番茄属于自花授粉作物，露地栽培时，环境正常，可自行授粉结实。但是设施内空气湿度较大，花药不易开裂，加之有时气温偏低，导致自花授粉、受精能力差。容易发生落花落果事件，需要用振荡授粉器授粉或激素蘸花的方法解决。

第十二部分

番茄生产中的病虫防控

专题一　番茄营养诊断和调控你知道多少？

146. 番茄营养诊断和调控有何意义？

番茄栽培过程中，营养缺乏和营养过剩都会影响植株正常生长发育，并且常常引起或加重病害的发生和流行。最常见的营养缺乏症有氮、磷、钾和镁的缺乏。土壤通气不良或根系疾病会引起缺铁和缺锰。番茄露地栽培，除了硼元素，土壤中一般不缺乏微量元素，常见的营养过剩症是氮、钾以及高浓度盐类危害。在生产上早期对番茄营养状况进行诊断，并及时进行调控，对提高产量，提早成熟，改善品质，提高效益具有重要意义。

147. 番茄缺氮表现什么症状？如何调控？

（1）**缺氮症状**。番茄缺氮后植株黄化、叶小、瘦长、呈黄绿色，叶片黄化先从叶脉开始，逐渐扩展全叶，老叶先发黄，依次向上部扩展，植株未老先衰，果实膨大早，结果数少。

（2）**缺氮诊断**。在一般栽培条件下，番茄明显缺氮的情况比较少，应注意下部叶片颜色变化情况，以便尽早发现缺氮症状。有时其他原因也能产生类似缺氮症状。如下部叶片色深，上部茎较细、叶小，可能是阴天光照弱的原因，应注意区分。

（3）缺氮调控。增施氮肥，施腐熟的有机肥，尤其在温度低时，施用硝态氮化肥效果比较好。

148. 番茄缺磷表现什么症状？如何调控？

（1）缺磷症状。番茄缺磷则植株矮化瘦小，叶片小而且僵硬，叶片背面发紫。幼苗缺磷时，下部叶变绿紫色，并逐渐向上部叶扩展，缺磷番茄果实小、成熟晚、产量低。老叶常常未老先衰，有不规则的褐色或黄色斑点。

（2）缺磷诊断。番茄生育初期容易发生缺磷症状。低温环境下、移栽伤根以及药害也会产生类似缺磷症状，要注意区分。

（3）缺磷调控。增施磷肥可有效改善土壤缺磷。

149. 番茄缺钾表现什么症状？如何调控？

（1）缺钾症状。番茄缺钾后植株生长受阻，中上部叶缘黄化，并且向叶内部扩展，最后褐变枯死。番茄缺钾后果实成熟不均匀，果实中空，果形不规则，与正常果相比变软，果实口味差。

（2）缺钾诊断。番茄生育初期一般不会缺钾，但在果实膨大期容易发生缺钾症状。如果发生有毒气体毒害，植株叶会产生失绿症状，与植株缺钾症较像，要注意区分。

（3）缺钾调控。增施钾肥可有效改善缺钾症状。尤其在低温、日照不足、沙土地中增施钾肥效果明显。

150. 番茄缺钙表现什么症状？如何调控？

（1）缺钙症状。番茄缺钙植株萎缩，幼芽变小、黄化，严重时生长点坏死，距生长点较近的小叶周围褐变，并有部分枯死，果实脐部会变黑。

（2）缺钙诊断。植株生长点停止生长，下部叶正常，上部叶异常，叶全部硬化。如果生育后期缺钙，茎叶健全，仅有脐腐果发生。如果植株出现类似缺钙症，但叶柄部分木栓状龟裂，这可能是因为缺硼，要注意区分。

（3）缺钙调控。如果缺钙，可以使用生石灰，或者叶面喷施0.3%～0.5%氯化钙水溶液调控。平时注意深耕，防止干旱。

151. 番茄缺镁表现什么症状？如何调控？

（1）缺镁症状。番茄缺镁时植株中下部叶片叶脉间黄化，逐渐向上部发展。老叶只有主脉保持绿色，其他部分黄化，而小叶周围常有一小窄条绿色，果实无特别症状。

（2）缺镁诊断。缺镁症状一般是下部靠近果实部位的叶先发病，叶片黄化先从叶中部开始，以后扩展到整个叶片，但有时叶缘仍为绿色。如果黄化从叶缘开始，则可能是缺钾。如果叶脉间黄化斑不规则，后期长霉，则可能是叶霉病。长期低温，光线不足，也可出现黄化叶，而不是缺镁，应注意区分。

（3）缺镁调控。土壤中缺镁时要补充镁肥，及时对叶片喷施硫酸镁溶液。

152. 番茄缺硫表现什么症状？如何调控？

（1）缺硫症状。整个植株生长基本无异常，只是中上部叶的颜色比下部淡，严重时中上部叶变成淡黄色。

（2）缺硫诊断。缺硫与缺氮症状相似，但缺硫时从上部叶开始，而缺氮是从下部叶开始，缺硫多发生在生育中后期。

（3）缺硫调控。施用硫酸铵、过磷酸钙和含硫肥料。

153. 番茄缺微量元素表现什么症状？如何调控？

微量元素主要包括硼、铁、锰等。

番茄缺硼时，新叶停止生长，严重时生长点死亡，茎弯曲，茎内侧有褐色木栓状龟裂，果实表面也有木栓状龟裂。叶片发脆，易折断。土壤缺硼可提前施入硼肥，植株缺硼可及时喷施硼砂水溶液，一般喷1～2次。

番茄缺铁时，叶片黄化，开始时叶片叶脉间黄化，最后整个叶片黄化变白，停止生长。缺铁可喷施0.05％～0.1％硫酸亚铁水溶液，或100毫克/升柠檬酸铁水溶液，或0.02％～0.05％的螯合铁肥。

番茄缺锰时，幼叶叶脉间黄化，初期很难与缺铁症相区别，然而缺锰时，叶脉仍保持绿色，叶片苍白，有褐色小斑点。缺锰时可喷施1‰低量硫酸锰。

154. 番茄氮元素过剩表现什么症状？如何调控？

番茄氮素过剩时，植株长势过旺，叶片又黑又大，下部叶片有明显的卷叶现象，叶脉间有部分黄化，果实发育不正常，果实果蒂发病。

番茄生产中追施氮肥时要注意不能过量。

155. 番茄钾元素过剩表现什么症状？如何调控？

番茄钾肥过量，叶片颜色深绿，叶缘上卷，中部脉络凸起，叶片高低不平，叶脉间失绿，轻度硬化。

番茄发生钾素过剩时，要增加灌水，以降低土壤中钾离子的浓度。农家肥施用量较大时，要注意减少钾肥的用量。

156. 如何区分蔬菜缺素症与病毒病？

蔬菜缺素症是蔬菜作物缺乏某种营养元素所表现出的特异症状，是一种非侵染性生理病害。病毒病是侵染性病害，其病原物为肉眼看不到的病毒。许多蔬菜缺素症和病毒病都有特定的症状表现。缺素症往往成片发生，病毒病一般具有明显的发病中心，然后迅速向四周扩散，呈放射状分布。蔬菜缺素症不能相互传染，而病毒病可通过田间操作传染，番茄整枝时很容易把病毒传染到无毒植株上，引起该植株全株发病；某些病毒病还可通过花粉、种子和昆虫等进行传染。

专题二　常见的生理病害你认识吗？

157. 如何防治日灼病？

番茄日灼病也称为日烧病，是番茄夏季生产中常见的生理病害，特别是在高温干旱的年间容易发生，常出现在果实表面，严重时部分叶片也表现出病症。

(1) 发病症状。发病时主要危害果实，果实向阳面发生大块脱色变白的病斑，与周围组织界限比较明显，病部变干后呈白纸状，变薄，组织坏死。该病发生后，易导致其他病害的发生，湿度较大时会引起果实腐烂。叶片被害时，叶片部分初期褪绿，以后变成漂白状，最后干枯死亡。

(2) 发病原因。该病主要是由设施内强光暴晒，温度过高引起，特别是上部果实易发生，因其没有叶片遮挡，强光直射果面，造成水分过分蒸发，果面温度迅速上升。种植密度过小、设施内温度过高以及过度整枝打杈是造成这一病害发生的主要原因。

（3）防治方法。

① 合理密植。栽培密度不宜过小，并进行合理的整枝打杈，使得茎叶相互掩蔽，避免果实受到阳光直射。

② 改变种植行向。若此病害发生严重，可将种植行向改为南北向，这样可以降低日灼病的发生率。

③ 加强栽培管理。注意在夏季生产时为棚室降温，积极使用遮阳网，及时通风和浇水。

158. 如何防治芽枯病？

芽枯病是番茄常见的病害之一，主要发生在秋季设施生产中，高温天气多的年间发生严重。

（1）发病症状。 被害植株初期幼芽枯死，之后被害部长出皮层包被，发生芽枯的部分形成一条缝隙，缝隙呈 Y 形，有时边缘不整齐，但其发病部分无虫粪。

（2）发病原因。 该病害为生理性病害，主要由高温引起，在番茄秋设施生产中的现蕾期发生。中午高温时未及时放风，导致幼嫩的生长点被烫死，进而导致茎秆受伤。尤其在定植后控水严格的地块发生严重。

（3）防治方法。 番茄定植后注意中午放风，7 月定植的大棚需昼夜通风，把温度尽量控制在 35 ℃以下，若发现植株萎蔫时需及时补少量水。晴天早上 10 时至下午 3 时要使用遮阳网降温，防止病害发生。

159. 如何防治卷叶病？

番茄出现卷叶情况可分为生理性和病理性，病理性卷叶一般由病毒病引起，在后面的部分介绍，这里重点介绍生理性卷叶。

（1）发病症状。番茄采收前期或采收期，下部第一果枝叶片稍卷，其余叶片卷成筒状。

（2）发病原因。主要与土壤状况、灌溉情况及管理有关。当气温升高或田间缺水导致叶片气孔关闭时出现卷叶。

（3）防治方法。定植后进行抗旱锻炼；注意施肥的时间和施肥量，保证水分供应充足；采用遮阳网覆盖栽培；及时做好整枝打杈；及时防治蚜虫。

160. 如何防治筋腐病？

番茄筋腐病又称条斑病、条腐病等，在 21 世纪初的生产中发生较为普遍，在各个茬口中均有发生，严重时病果率达 90%以上，影响产量和质量。

（1）发病症状。主要发生在果实膨大期至成熟期。果实受害时，前期病果外形完好，但着色不良，隐约可见表皮下组织部分呈暗褐色，果肉僵硬细胞坏死，严重时果肉褐色、木栓化，纵切可见白果柄向果脐有一道道黑筋，部分果实形成空洞。病变部界限明显，果实横切可见到维管束变褐。

（2）发病原因。该病害是由各种不良环境因素诱发的。光照不足，低温多湿，空气流通性差，以及施肥不合理都会诱发该病发生。经过技术人员多年研究，在各种诱发因素中，生产过程中钾肥施用量不足成为目前诱发筋腐病的首要因素。另外，氮素过剩和病毒的侵染也可导致该病发生。

（3）防治方法。

① 选用抗病品种。生产中发现，该病害的发生与品种也有密切关系，有些硬果品种特别容易发病，而另外一些品种相对不易发病，因此在发病较重的地区，生产中应当尽量避免选择高发病品种。

② 合理施肥。施用充分腐熟的有机肥，重病地块减少氮肥

用量。番茄开始坐果后，每穗果都应当进行追肥，且应当注重钾肥（硫酸钾）的施用量，必要时直接采用叶面喷肥的方法进行追肥，可采用0.2%磷酸二氢钾溶液喷肥。

③ 科学浇水。浇水次数不要过多，生产中推荐采用滴灌技术，每次灌水量不宜过大，每穗果浇1次水即可。

161. 如何防治脐腐病？

番茄脐腐病又称为顶腐病、蒂腐病，在夏季高温季节容易发生。传染性不强，但是发生严重的时候，会给产量及品质带来极大的影响。

(1) 发病症状。果实长至核桃大时，最初表现为脐部出现水渍状病斑，后逐渐扩大，致使果实顶部凹陷、变褐，症状随之发展，在干燥时病部为革质，遇到潮湿条件，表面生出各种霉层，常为白色、粉红色及黑色。病情不严重时果实尚可成熟，严重时扩展到半个果面，果实停止膨大并提早变红，果面缺少光泽，失去应有价值。

(2) 发病原因。该病属于一种生理病害，由缺钙引起，一般来说华北地区土壤中不缺钙，但是氮素和钾素的含量较高时会抑制植株对钙的吸收。另外，当土壤干旱时，根对钙的吸收量减少，植株体内产生的大量草酸会将钙离子沉淀，当植物体内游离钙离子缺乏时极易出现脐腐病症状。另外，此病也有可能是生长期间水分供应不足或不稳定引起的，即在花期至坐果期遇到干旱，番茄叶片蒸腾消耗增大，果实，特别是果脐部所需的大量水分被叶片夺走，导致其生长发育受阻，形成脐腐。

(3) 防治方法。

① 合理浇水。定植时浇足定植水，保证花期及结果初期有足够的水分供应。在果实膨大后，应注意适当给水。另外，育苗或定植时要将长势相同的放在一起，以防个别植株过大而缺水，

引起脐腐病。

② 合理施肥。增加底肥的施用量，在植株生长期间，采用根外追施钙肥技术，番茄结果后 1 个月内是吸收钙的关键时期，可喷洒 1%的过磷酸钙，或 0.5%氯化钙加 5 毫克/千克萘乙酸等。

③ 注意其他病害。由于水分供应的失调和生理性钙、硼等元素的缺乏，会导致果实细胞生理出现紊乱，这时极易诱发其他真菌性病害，应注意及时预防。

162. 如何防治畸形果？

番茄畸形果是常见的病害之一，特别是在设施生产中，畸形果的发生率较高。一旦出现畸形果，对番茄的商品率和效益将产生较大的影响。

(1) 发病症状。畸形果发生时，果实形状与品种本身的特性产生较大差异，如出现椭圆形果实、大脐果、开窗果、指突果和翻心果等。

(2) 发病原因。畸形果的发生是由于花芽发育不正常，番茄植株在低温、光照不足、肥水管理不善时，花芽分化都会受到影响，这些因素会使得花器官和果实不能正常发育而造成畸形。此外，激素使用不合理导致养分集中积累在正在发育的花芽中时，导致花芽细胞分化旺盛，心皮数目增加，此时形成的果实多为多心室畸形果。

在诱发畸形果形成的众多因素中，外源激素的不当使用成为首要因素。由于在设施内栽培环境高温高湿，导致花粉散出障碍，番茄自然结实能力很低，因此大部分菜农在生产中均采用生长素类调节剂进行喷花保果，但是激素浓度过大或喷施不均匀时极易造成畸形果发生。

(3) 防治方法。

① 选用良种。选用花芽分化时对外界环境条件不敏感的品

种，特别是选用耐低温品种，在生产中注意观察积累，避免选择易产生畸形果的品种。

② 苗期保温。育苗期间注意保温，特别是夜间的保温，夜间温度不得低于 8 ℃，育苗设施内若夜温过低可采用地热线加热的方法提高温度，以创造适宜花芽分化的温度条件。

③ 慎用激素。可采用番茄振荡授粉器辅助番茄授粉，从而替代传统的激素喷花保果方法，可有效地降低番茄畸形果的发生，使用授粉器授粉后，番茄果实的商品率可提高到 98％以上，效果明显。没有条件使用授粉器的农户在使用激素时要严格控制激素的浓度，根据说明书要求精细配置药液，做好标记，避免重复喷花，当设施内温度超过 30 ℃时停止喷花。

④ 加强肥水管理。科学施肥，适时适量地浇水，不偏施氮肥，特别是在花芽分化的时期不宜大水大肥，尤其是氮肥不能过量。

163. 如何防治空洞果？

番茄空洞果普遍发生于设施生产中，特别是在日光温室越冬栽培中，空洞果发生严重。

(1) 发病症状。 番茄空洞果主要表现为果实外观呈棱状鼓起，横剖面呈多角形，果皮与果肉胶状物之间具空洞。果实剖开后可明显地看到空腔，有些果实虽然无棱，但是其果内也有空腔。

(2) 发病原因。 该病害的发生主要与种子的形成和生长调节剂的使用有关。当花粉形成时遇到高温、低温或光照不足都会导致花粉不足，植物不能正常受精，进而不能产生正常的种子。种子在果实发育中起着非常重要的作用，它可以调运体内的激素，促进果实膨大和发育，一般受精不良，很容易发生空洞果。另外，喷花保果处理中，生长调节剂使用浓度不合理，或喷施不均匀会导致局部激素水平混乱，也容易产生空洞果。

(3) 防治方法。

① 合理调控温光。在花芽分化和种子形成的时期，尽量为植株创造适宜的生长条件，满足其各项生理机能的正常发育。

② 慎用激素。与畸形果防治相同，尽量采用振荡授粉器辅助授粉，逐步代替外源生长调节剂喷花保果的方法，可极大地降低空洞果的发生率，若使用外源生长调节剂喷花则严格按照说明书要求进行处理。

164. 如何防治裂果？

番茄裂果是常见的生理性病害，在果实即将成熟时极易发生裂果，使得番茄果实的商品性下降，从而影响了经济效益。

(1) 发病症状。 果实发病后，果面出现条纹状裂纹，裂纹主要有以下几种情况：一是放射状裂果，它以果蒂为中心呈放射状，一般裂口较深；二是环状裂果，以果蒂为圆心，呈环状浅裂；三是条状裂果，即在果顶部位呈不规则的条状裂口。多数情况下，果实裂纹是混合型的，而不是某一单一类型的。裂果发生以后，果实品质下降，病菌易侵入，以致腐烂。

(2) 发病原因。 裂纹首先与品种类型有密切关系，果皮薄的品种容易发生裂纹。另外一个重要原因是在果实发育后期或转色期遇到强光照射，高温干旱，特别是久旱后浇大水，容易导致果皮生长与果肉组织的膨大速度不同步，膨压增大而出现裂果。

(3) 防治方法。

① 选择耐裂品种。果皮的厚薄决定了果实是否容易裂果，生产中可以通过选择果皮韧性比较好的品种从根本上解决这一问题。

② 合理水肥管理。增施有机肥和质量好的生物肥，改善土壤结构，使其具有较好的持水能力，为根系的生长提供良好的环

境，防止土壤过干或过湿，保持土壤相对湿度在 80% 左右。禁止在久旱后突然大量浇水，另外有顶风口的大棚在夏秋季节生产时应注意，当外界下雨时应及时关闭顶风口，避免雨水灌入，减少裂果的发生。

③ 合理整枝打杈。摘心不宜过早，摘心时在花序上部保留 2 片叶，防止强光直射在果皮上。在秋延迟和春提早栽培后期时，底部叶可起到为果实遮阴的作用，不要过早打掉。

165. 如何防治番茄茎异常？

番茄茎异常多发生在茎叶生长繁茂的地块，在高温季节易发生。发生时期一般是定植后的 20～30 天，发生部位一般在第三穗果附近的茎部。

(1) 发病症状。 发病部位茎节间很短，严重时产生对生叶，茎较粗，茎髓部的部分组织坏死、褐变，随后茎上出现纵列沟，严重时中空且出现孔洞。

(2) 发病原因。 茎异常一般是植株营养生长过旺导致的。定植时苗龄过小，氮肥过多，高温高湿，以及缺硼等都会引起茎异常。

(3) 防治方法。 培育适龄壮苗，增施有机肥，增施磷钾肥，防止氮肥过量。防止落花落果，控制植株徒长。一旦发生茎异常，可用侧枝代替主枝开花结果。

166. 如何防治番茄气体中毒？

番茄设施栽培中最容易引起植株中毒的气体为氨气。轻者叶脉、叶尖、叶缘变褐，重者叶片黄化、白化，甚至叶片脱落，植株死亡。另外，聚氯乙烯薄膜的增塑剂也可能挥发乙烯和氯气，危害番茄。

番茄设施生产，一定要注意铵态氮肥的使用，如尿素和碳酸氢铵等。使用时注意少量、深施。另外，有机肥如果没有充分腐熟也会释放氨气造成植株中毒，要注意防止使用不充分腐熟的有机肥。

167. 如何消除番茄药害？

在防治番茄病虫害过程中，一定要注意药剂的使用浓度和使用方法，否则容易发生药害。其主要症状是，叶片干枯坏死，叶尖叶缘发病明显，严重时生长点坏死。

如果土壤消毒不均匀、喷药浓度过大，或叶面喷肥浓度过大都会产生药害。番茄植株发生药害时，可加大通风排除药味，如果药害严重，可采用灌水或喷水缓解。

专题三　常见的细菌性病害你了解吗？

168. 如何防治溃疡病？

该病为细菌性病害，苗期至结果期均可发病。

(1) 发病症状。苗期发病始于叶缘，幼苗从下向上逐渐萎蔫，有的在胚轴或叶柄处产生溃疡状凹陷条斑，引起病株矮化或枯死。成株发病初期，下部叶片凋萎或卷缩，茎内部变褐，病斑长度可由一节扩展到几节，后期产生长短不一的空腔，最后下陷或开裂，茎略变粗，生出许多不定根。多雨或湿度大时，菌脓从病茎或叶柄中溢出，后期茎内褐变以至中空，最后全株枯死，上部顶叶呈青枯状。果柄受害多由病菌从茎扩展进去，其韧皮部及髓部出现褐色腐烂，一直可延伸到果内，导致幼果皱缩、滞育、畸形。

（2）发病规律。病菌可在种子和病残体上越冬，可在土壤中存活 2～3 年。病菌从伤口侵入，也可从表皮侵入，借雨水和灌溉水传播，特别是在连阴雨或暴风雨天气，通过分苗移栽及整枝打杈等农事操作进行传播。温暖潮湿，结露持续时间长及暴雨多的地块发病重。

（3）防治方法。

① 种子处理。播种前用 1.3％次氯酸钠浸种 30 分钟。

② 栽培措施。与非茄科作物实行 3 年以上轮作；建立无病留种地；用新苗床或采用营养钵育苗；采取高垄栽培，避免带露水进行农事操作；发现病株及时拔除，病穴用生石灰消毒；病后注意肥水管理，避免大水漫灌，不能偏施氮肥。

169. 如何防治青枯病？

青枯病又称细菌性枯萎病，该病为细菌性病害，是一种突发性病害，在高温多湿的夏季发病较重。

（1）发病症状。苗期一般不表现症状，直到番茄坐果初期，植株约 30 厘米高时，病株顶部、下部和中部叶片相继出现萎蔫，有时仅一侧叶片萎蔫或整株叶片同时萎蔫；发病初期，病株仅在白天萎蔫，傍晚以后恢复正常，发病后，如果土壤干燥，气温偏高，植株数日后即枯死。病株萎蔫致死时间很短，死时植株仍保持绿色，仅叶片色泽稍变淡，故称青枯病。病茎表皮粗糙，茎中下部增生不定根或不定芽，湿度大时病茎上可见初为水渍状、后变褐色的 1～2 厘米斑块，病茎维管束变为褐色，横切病茎，用手挤压，切面上维管束溢出白色菌液。

（2）发病规律。番茄青枯病是由细菌侵染而发病的。高温、高湿易诱发番茄青枯病，每年初次降雨时间、降雨天数和降水量，都影响病情发展的程度。南方菜区进入高温季节，连阴雨天或降大雨之后，气温突然增高，温湿度适宜病原菌的生长，随后就是一个发病高峰期。此外，幼苗不壮、多年连作、中耕伤根、低洼积水、土壤偏酸等均可促进发病，加重危害。

（3）防治方法。

① 土壤改良。在酸性土壤中，亩施 50～100 千克石灰，使土壤呈中性至微碱性，可减轻病害的发生。

② 科学育苗。选地势高燥、排水良好的无病田块育苗，防止秧苗带病。苗期控制温湿度，增施底肥，防止幼苗徒长、节间拉长，培育壮苗，提高抗病力。适当早定植，使植株提前进入结果期，避开夏季高温、多雨的发病盛期。定植时，应尽量减少根系损伤。

③ 加强田间管理。栽培地应选地势高燥、易排水的地块，忌低洼潮湿地。尽量采用高畦栽培，严禁大水漫灌。发病期适当控制浇水，降低土壤湿度。农事操作严防伤根造成伤口。增施磷钾肥，提高植株抗病力。发现病株，及时拔除，带出地外深埋或烧毁，病穴处撒石灰消毒。

④ 药剂防治。农用链霉素 100～200 毫克/升，嘧啶核苷类抗菌素 200 倍液。取上述药之一，或交替使用，每隔 7～10 天喷施 1 次，连喷 3～4 次；亦可用上述药灌根，每株每次灌药 0.25～0.5 千克。

专题四　常见的真菌性病害你了解吗？

170. *如何防治猝倒病？*

猝倒病俗称小脚瘟，为真菌性病害，是番茄苗期常见病害。在冬、春季苗床上发生较为普遍，轻者引起苗床成片死苗、缺苗，重者可引起苗床大面积死苗。

（1）发病症状。 多发生在育苗床上。主要在子叶期至 2～3

片真叶苗龄的幼苗上发病，发病初期幼苗茎基部呈水渍状淡黄色污斑，表皮极易破烂。最初发病时，幼苗白天凋萎，但夜间仍能恢复，如此 2～3 天后，茎基部缢缩呈线状并猝倒，倒地后贴近地面的幼苗在短期内仍为绿色，潮湿时病部密生白色绵毛状霉。

（2）发病规律。病菌在土壤中越冬。病菌借雨水或土壤中水分的流动传播，生长适温 15～16 ℃。幼苗第 1 片真叶出现前后最易感病。苗床土壤湿度大、温度低、幼苗生长不良及春季寒冷多雨时，发病往往严重。

（3）防治方法。

① 科学育苗。采用快速育苗法或无土育苗法，做好苗床穴盘及棚室的消毒。加强苗床管理，看苗适时适量放风，避免低温、高湿条件出现，不要在阴雨天浇水。苗期喷施 0.1%～0.2%磷酸二氢钾、0.05%～0.1%氯化钙等，提高植株抗病力。

② 药剂防治。苗期可喷 72%霜脲氰可湿性粉剂 600 倍液、72%烯酰吗啉·代森锰锌可湿性粉剂 1 000 倍液、58%甲霜灵可湿性粉剂 500 倍液，或 75%百菌清可湿性粉剂 600 倍液，或 64%噁霜灵可湿性粉剂 500 倍液、72.2%霜霉威盐酸盐水剂 600 倍液，隔 7～10 天喷施 1 次，视病情防治 1～2 次。

171. 如何防治茎枯病？

茎枯病又称黑霉病，为真菌性病害。

（1）发病症状。主要危害茎和果实，也可以危害叶和叶柄，发病初期茎部出现椭圆形、褐色凹陷溃疡状的病斑，逐渐发展到全株，严重时病部变为深褐色干腐状，病菌可侵入到维管束中。果实发病出现灰白色病斑，病斑扩大凹陷，颜色变深变暗，长出黑霉，引起果腐。

（2）发病规律。病菌随病残体在土壤中越冬，翌年产生分生孢子，借风、雨传播蔓延。孢子从伤口侵入，一般高湿多雨或多露时易发病。因其多发生在裂果、断枝上，故不易引起人们的注意，等到病害发展后期，引起大量落果和病枝时，已严重影响了产量和品质。2月下旬开始，气温开始回升，番茄生长旺盛，枝叶茂盛，植株间多郁闭，易造成高温高湿的小气候，此时番茄又需不断地进行整枝打杈，易造成伤口，加之由于浇水较多引起的裂果，均易引发此病。温室内2月底至3月初始见病株，3月下旬至4月中旬为发病高峰，6月以后发病减缓或停止发展。

（3）防治方法。

① 选用抗病品种。可以选用一些抗裂果、耐运输的厚皮品种，对该病有一定抗性。

② 加强栽培管理。收获后及时清洁田园，栽培中加强通风，降低湿度，减轻发病。病果、病枝及时带出田园烧毁或深埋，发病地块拉秧后，及时清洁田园。避免在阴天整枝打杈。

③ 药剂防治。发病初期及时施用75％的百菌清可湿性粉剂600倍液、50％异菌脲可湿性粉剂1 000倍液、58％甲霜灵·代森锰锌可湿性粉剂600倍液、10％苯醚甲环唑可湿性粉剂800～1 000倍液或70％甲基硫菌灵可湿性粉剂600～800倍液。

172. **如何防治早疫病？**

早疫病又称夏疫病、轮纹病，全国各地番茄种植区均有发生。该病为真菌性病害，常引起落叶、落果，尤其在大棚、温室中发病严重，一般可减产20％～30％，严重时减产可达50％以上。

（1）发病症状。番茄苗期、成株期都可感病，危害叶、茎、果等部位，以叶片和茎叶分枝处最易感病。病害一般从下部叶片开始发病，逐渐向上扩展。幼苗期茎基部发病，严重时病斑绕茎一周，引起腐烂。叶片上初为水渍状，后变褐色小斑点，扩大后呈圆形或椭圆形黑斑，中心暗灰褐色，具有同心轮纹，边缘多有浅绿黄色晕环，直径 1～3 厘米，严重时多个病斑可联合成不规则形大斑，下部叶片枯死、脱落。茎、叶柄、果柄上病斑呈长圆形，植株易从病处折断。果实受害，多从果蒂附近开始，初为椭圆形暗褐色病斑，凹陷，有裂缝，同心纹，直径 10～20 毫米，病部较硬，上面密生黑色霉层，后期病果易开裂，提早变红。

（2）发病规律。病原菌属半知菌亚门链格孢属。病菌在病残体上或种子上过冬，成为翌年初侵染源。病菌通过气流、雨水传播，从气孔和伤口侵入，也可直接穿透表皮侵入。湿度是病害发生与流行的主导因素，高温、高湿有利发病，温度为 20～25 ℃、湿度 80％以上，或连续阴雨天气，或多露时发病较重。春设施栽培中，到结果期浇水多、通风不良时，病害严重；露地栽培时，到结果期遇上雨季，特别是冷凉地区的夏季，遇雨则发病严重，叶片由下至上逐渐枯死。秋播番茄中，苗期因高温多湿，也常常发病，造成死苗。病菌属兼性腐生菌，田间管理不当或大田改种番茄后，常因基肥不足发病重。

（3）防治方法。

① 种子处理。播种前温汤浸种，可杀死附着种子表面的病菌。

② 栽培措施。保护地番茄早春定植昼夜温差大，易结露，利于此病的发生蔓延，应加强管理，调整好棚内温湿度，尤其是定植初期，闷棚时间不宜过长，防止棚内湿度过大，温度过高。

③ 药剂防治。发病初期，每亩每次喷施 50％多菌灵·乙霉威可湿性粉剂 116～175 克，加水 75 千克，稀释成 600～800 倍液，每间隔 7 天喷 1 次药，共喷 3 次；或 77％氢氧化铜可湿性粉剂 133～200 克，加水 75～100 千克，稀释成 500～700 倍液，充分混合均匀后叶面喷雾，施药时期应为发病前或发病初期，每隔 7～10 天喷 1 次，共喷 3 次。常用农药有 58％甲霜灵·代森锰锌可湿性粉剂 500 倍液，64％噁霜灵 500 倍液，72.2％霜霉威盐酸盐水剂 800 倍液，40％甲霜灵·琥珀酸铜 700～800 倍液等。

173. 如何防治晚疫病？

番茄晚疫病又称番茄疫病。该病是由真菌引起的。保护地和露地均常发生，一旦发病，如果不及时采取防治措施，经 3～4 天可使全田发病，造成毁灭性损失。

(1) 发病症状。主要危害叶片、茎、果实，叶片和青果发病重。幼苗发病初期呈水渍状暗绿色，病斑由叶片向主茎蔓延，使茎变细并呈黑褐色，引起全株萎蔫或折倒，湿度大时病部表面产生白霉。成株多由下部叶片先发病，初期在清晨露水未干时，可见到叶背呈水渍状，太阳一出来，症状消失，次日叶片出现褐色病斑，潮湿时边缘着生白色霉层。茎上病斑呈黑褐色腐败状，植株萎蔫。果实上病斑主要发生于青果，在近果柄处产生油渍状不规则病斑，后变成暗褐色至棕褐色，稍凹陷，边缘明显，果实坚硬，湿度大时病部有少量白霉，能造成大量烂果、死株。

(2) 发病规律。病原菌属鞭毛菌亚门疫霉属，病菌主要在设施栽培的番茄及马铃薯块茎中越冬，有时可以在落入土中的病残体上越冬。病菌借气流或雨水传播，从气孔或表皮直接侵入，在田间形成中心病株，进行多次重复侵染，引起该病流行。尤其中心病株出现后，伴随雨季到来，病势扩展迅速。当白天气温24 ℃以下，夜间 10 ℃以上，相对湿度 75％～100％且持续时间长时，易发病。地势低洼、排水不良，易发病。

(3) 防治方法。

① 栽培措施。防止棚室高湿条件出现，种植抗病品种，与非茄科作物实行 3 年以上轮作，合理密植，采用配方施肥技术，加强田间管理，及时打杈。

② 药剂防治。于病发初期开始，每次每亩用 72％霜脲氰·代森锰锌可湿性粉剂 133～180 克，加水 75 千克，稀释成 400～600 倍液，以后每 7 天喷 1 次，连续喷药 3 次。常用农药还有

72.2%霜霉威盐酸盐水剂 800 倍液、69%烯酰吗啉·代森锰锌可湿性粉剂 900 倍液、64%噁霜灵可湿性粉剂 500 倍液、70%三乙膦酸铝·代森锰锌可湿性粉剂 500 倍液、58%甲霜灵·代森锰锌可湿性粉剂 500 倍液、40%甲霜灵·琥珀酸铜 700～800 倍液，每隔 7～10 天喷施 1 次，连续防治 4～5 次。棚室栽培出现中心病株后，每亩施用 45%百菌清烟剂 200～250 克熏治或喷撒 50%百菌清粉尘剂 1 千克。

174. 如何防治叶霉病？

叶霉病又称黑霉病。该病是由真菌引起的。是番茄设施栽培的重要病害，在各地均有发生，北方发生较为严重。该病害大发生时可使番茄生产减产 20%～30%。

(1) 发病症状。该病害主要危害叶片，茎、花和果实上也有发生。危害叶片时，起初叶背呈椭圆形或不规则形、淡黄色或淡绿色的褪色斑，后在病斑上长出灰白色、灰紫色至黑褐色的绒状霉层。叶片正面呈淡黄色，病斑扩大后，叶片卷曲干枯。若有适宜的条件，叶片的正面也会长出霉层。发病多从老叶开始，渐向新叶发展。该病害可危害嫩茎和果柄，引起花器凋萎或幼果脱落。果实受害时，在蒂部附近产生近圆形硬化黑色病斑，老病斑表皮上有时产生黑色针头状的菌丝块。

(2) 发病规律。病菌在病残体或种子上越冬，借气流传播，进行初侵染和再侵染。也可发生孢子，附着在种皮表层，引起幼苗发病。病菌发育温度 9～34 ℃，最适 20～25 ℃。当气温 22 ℃左右，相对湿度高于 90%时利于发病。潮湿环境分生孢子萌发，从叶背气孔侵入，菌丝在细胞间隙蔓延，产生吸孢，吸收营养。该病从开始发病到流行成灾，一般需半个月左右。连阴雨天气，大棚通风不良，棚内湿度大或光照弱，叶霉病扩展迅速。

(3) 防治方法。

① 选用抗病品种。这是最行之有效的措施。番茄叶霉病抗性受基因控制，大多数抗病基因为显性单基因抗性，即抗与不抗十分明显，无连续变化，因此，在相同的栽培条件下，抗性品种与感病品种栽在一起，抗性可一目了然。

② 种子处理。播种前用温汤浸种的方法对种子进行处理可有效杀灭残留在种子表皮的病菌。

③ 加强栽培管理。温室或大棚内适当稀植，控制浇水，加强通风，雨季及时排水，覆盖地膜，增施磷钾肥，增强植株抗病力；发病后摘除病叶深埋；棚内短期增温至 30～36 ℃，对病菌有明显抑制作用。

④ 药剂防治。如果已发病，可用如下药剂控制病情，40％氟哇唑乳油、代森锰锌可湿性粉剂 300～500 倍液，或 70％甲基硫菌灵可湿性粉剂 800 倍液。

175. 如何防治灰霉病？

该病是由真菌引起的，主要在设施内发生。

(1) 发病症状。主要表现在叶片和青果上，也可危害花和茎，对产量影响很大，青果期发生最严重。叶片发病从叶尖开始，出现水渍状浅褐色病斑，病斑呈 V 形，向内发展，潮湿时病部长出灰霉，边缘不规则，干燥时病斑呈灰白色。果实发病主要在青果期，先侵染残留的柱头或花瓣，后向果面和果梗发展，果皮变成灰白色、水渍状、软腐，病部长出灰绿色绒毛状霉层，后期产生黑褐色鼠粪状菌核。花萼发病变为暗褐色，随后干枯。茎发病初期产生水渍小点，后扩展成长条形病斑，高湿时长出灰色霉层，上部植株枯死。幼苗发病时叶片和叶柄上产生水渍状腐烂，之后干枯，表面产生灰霉，严重时可扩展到幼茎，使幼茎产生灰黑色病斑，腐烂折断。

（2）**发病规律。**病原菌为半知菌亚门葡萄孢属真菌，病菌在土壤中或病残体上越冬。分生孢子随气流及雨水传播蔓延，病菌从伤口、衰老器官或枯死的组织侵入。病菌发育适温 18～23 ℃，相对湿度 90％以上时易发病，持续高温是病害发生和蔓延的主导因素。设施栽培中 12 月至翌年 5 月间，放风不及时，易发此病。花期是侵染高峰期，果实膨大期浇水后，病果剧增。

（3）**防治方法。**

① 合理放风。上午棚室少放风，使温度上升达 30～32 ℃，使水分充分汽化；中午以后开窗通风，排出水汽；下午延长放风时间，降低湿度，当太阳不再照到棚面时关闭风口。这样，棚室内不会再升温形成新水汽，夜间可避免结露。春季夜间，塑料薄膜可不封严，留风口，只盖草苫或蒲席，夜间仍可排湿。

② 花期防病。用坐果调节剂处理花朵时，可其中加入 0.3％腐霉利。但是在长期使用腐霉利的地区，病菌可能产生抗药性，需改用对氯苯氧乙酸 1 号、2 号。

③ 果期防治。坐果后，摘除残留花瓣及柱头，有效防止感染。如果已发病，及时摘除病果、病叶和侧枝，集中烧毁或深埋，严防乱扔，造成人为传播。摘除病叶病果后，可用药剂交替防治，如花期喷对氯苯氧乙酸时，果期可喷甲基硫菌灵·乙霉威可湿性粉剂 600～1 000 倍液，与嘧霉胺 800 倍液交替防治；花期使用 0.3％甲基硫菌灵·乙霉威喷花者，果期可用异菌福和嘧霉胺轮换防治。

176. 如何防治斑枯病？

（1）**发病症状。**斑枯病又叫斑点病，主要危害叶片，发病时先在叶背面出现水渍状小圆斑，后期叶片正反面均出现近圆形病斑。病斑边缘深褐色，中部灰白色，稍凹陷，上面散生小黑点。

（2）**发病规律。**番茄斑枯病菌属半知菌亚门针壳孢属真菌。

病菌主要以菌丝体或分生孢子器在病残体上或种子上越冬。病菌传播主要靠风雨传播，也可通过农事操作传播。病菌在温度20～25 ℃，空气湿度 90％以上时，经过 48 小时即可侵染，潜育期 4～6 天。番茄坐果期如遇有较为温暖的阴雨天气，10 天左右该病害即可流行。

(3) 防治方法。种子可进行温汤浸种消毒或药剂消毒，实行2～3 年轮作，田间管理增施磷钾肥。药剂防治采用 80％代森锰锌可湿性粉剂 500 倍液，或 75％多菌清可湿性粉剂 600 倍液，或 50％多菌灵可湿性粉剂 600 倍液。

专题五　番茄病毒病你了解多少?

177. 番茄病毒病有哪几种表现形式?

番茄病毒病是一类病害的总称，它是由病毒引起的，是设施栽培中常见的病害之一。番茄病毒病常见有花叶型、蕨叶型、条斑型和混合型。

花叶型：主要有两种症状，一种是叶片上有轻微的花叶或略显斑驳，植株不矮化，叶片不变形，对产量的影响不明显。另一种有明显的花叶，叶片变得细长狭窄，扭曲、畸形、叶片上出现黄绿相间或深浅相间斑驳，叶脉透明，叶略有皱缩的不正常现象，病株较正常植株略矮，落花落蕾严重，果实变小且有花脸状，品质比较差，对产量影响较大。

蕨叶型：叶脉间黄化，叶片边缘向上方弯曲，小叶呈球形，扭曲成螺旋状畸形，整个植株萎缩，植株丛生、矮化、细小，染病早的，多不能开花结果。

条斑型：可发生在叶、茎、果上，病斑形状因发生部位不同而异，在叶片上为茶褐色的斑点或云纹，在茎蔓上为黑褐色斑块，变色部分仅存在表层组织，不深入茎、果内部，这种类型的症状往往是由烟草花叶病毒或其他病毒复合侵染引起，在高温与强光下易发生。

混合型：症状与上述条斑型的相似，但危害果实的症状与条斑型不同。混合型危害果实的症状斑块小，且不凹陷、坏死，后期变为枯死斑。

178. 番茄病毒病发病条件有哪些？

番茄易感病毒主要包括：番茄黄化曲叶病毒、番茄花叶病毒、黄瓜花叶病毒、烟草花叶病毒、番茄褪绿病毒等。华北地区田间病毒在 6 月以前以烟草花叶病毒为主，6 月以后以黄瓜花叶病毒为主，番茄褪绿病发病高峰期为每年的 10 月至 11 月。番茄黄化曲叶病毒病在温室中可周年发生。

病毒一般可在土壤或许多植物上越冬，种子也能带毒，病毒也能附着在农具、架杆及衣物上。由病毒汁液接触传染，田间管理过程中，植株出现伤口或摩擦，可使病毒传播。黄瓜花叶病毒主要在多年生宿根杂草上越冬，通过蚜虫传播。高温、干旱有利蚜虫繁殖与迁飞，病情严重。

田间管理如分苗、定植、整枝打杈、绑蔓、蘸花等操作，均能导致病株与健康植株的碰撞和摩擦，以及蚜虫危害，都可传播病毒。高温、干旱、暴晒和田间管理不当，缺少钙、钾，植株组织柔嫩，土壤瘠薄等不良环境均会导致病情加重。

179. 番茄病毒病如何防控？

（1）**选择抗病品种**。防控病毒病的关键措施是使用抗病毒品种。目前抗病毒病品种应用普遍，但一些商品种遗传分化严重，实际种植中有一定比例的植株发病。

(2) 清除毒源。清除棚室内其他植物及其周围杂草。许多植物都是病毒的中间寄主，通常不表现症状，但却是重要的病毒初侵染源。

(3) 防控传播媒介。全程使用防虫网。40～60 目防虫网覆盖棚室通风口；棚室门口设置缓冲门；育苗和定植初期幼苗上方20～30 厘米挂黄色粘虫板，监测粉虱发生量。

(4) 药剂防治。定植前喷送嫁药（25％噻虫嗪水分散粒剂5 000～6 000 倍液喷雾）；或用 10％吡虫啉可湿性粉剂 2 000 倍液蘸根；或定植后用 25％噻虫嗪水分散粒剂 6 000 倍液灌根，及时杀灭苗期烟粉虱，预防病毒传播。

药剂防治烟粉虱可用 25％噻虫嗪水分散粒剂 5 000～6 000倍液喷雾，或 40％吡虫清水分散粒剂 5 000～6 000 倍液，或22％氟啶虫胺腈悬浮剂 1 500 液～2 000 倍液，或 20％烯啶虫胺水分散粒剂 3 000～4 000 倍液，或 10％氯噻啉可湿性粉剂 1 500～3 000倍液。注意交替使用农药。

(5) 烟雾剂熏棚。烟粉虱种群大时可用 15％敌敌畏烟剂熏烟闭棚 8～12 小时。

专题六　番茄生产易发的主要害虫你认识吗?

180. 怎样防治蚜虫?

蚜虫又称腻虫、油虫、油汗等，露地、设施内均有发生，属同翅目，蚜科，是世界性的害虫，常群集于叶片、嫩茎、花蕾、顶芽等部位，刺吸汁液，使叶片皱缩、卷曲、畸形，严重时引起枝叶枯萎甚至整株死亡。

(1) 危害特点。蚜虫会诱发煤污病，并招来蚂蚁危害等，其造成的间接危害往往大于直接危害。

（2）形态特征。 危害番茄的蚜虫主要是瓜蚜，分为有翅和无翅两种类型。无翅类型成虫体长 1.5～2.0 毫米，夏季多为黄色，春秋为墨绿色至蓝黑色。体表有一层薄蜡粉。腹部长圆筒形，有瓦纹、缘凸和切迹。尾片圆锥形，近中部收缩，有微刺突组成的瓦纹，有曲毛 4～7 根，一般 5 根。有翅类型体长 1.2～1.9 毫米，头、胸黑色，腹部春、秋季时深绿，夏季时黄色，触角有 6 节。

（3）发生规律。 蚜虫繁殖力强，全国各地均有发生。每年的 5～6 月和 9～10 月为蚜虫发生的两大高峰期，华北地区每年可发生 10 多代，长江流域 1 年可发生 20～30 代，多的可达 40 代。只要条件适宜，可以周年繁殖和危害。主要以卵在越冬作物上越冬，在温室等设施内其冬季也可繁殖和危害。蚜虫还可产生有翅蚜，在不同作物、不同设施和地区间迁飞，传播快。

蚜虫繁殖的适温是 18～24 ℃，25 ℃以上被抑制发育，空气湿度高于 75％时不利于蚜虫繁殖。因此，在较干燥季节蚜虫危害更重。蚜虫对黄色、橙色有很强的趋向性，对银灰色有趋避性。

（4）防治方法。 蚜虫的防治不能单一依靠化学杀虫剂，要采取综合防治的方法进行，以预防为主为原则，尽量将蚜虫的发生控制在点片发生阶段。

① 物理防治。利用黄板进行诱杀，在田间每亩悬挂 20～30 块黄板，位置高于植株生长点 15～20 厘米，可有效地诱集蚜虫。另外，用银灰色薄膜进行地面覆盖或在大棚、温室等田间悬挂银灰色薄膜条，可起到避虫的作用。

② 药剂防治。应选用高选择专性杀蚜剂以保护自然天敌，如专性杀蚜剂抗蚜威（由先正达公司生产），50％抗蚜威可湿性粉剂 2 500～3 000 倍液；其他常用药剂有 40％吡虫啉水溶剂 3 000～4 000 倍液、3％吡虫清乳油 1 000～2 000 倍液和 2.5％联苯菊酯乳油 2 000～3 000 倍液等。

③ 熏烟防治。在设施中采用熏烟法省工省力，效果更好，

是很值得推广的新技术。温室或大棚等在傍晚密闭，然后每亩用80％的敌敌畏乳油 250 克，掺锯末 2 千克熏烟，或用 1％的溴氰菊酯、2.5％氰戊菊酯油剂，用背负式机动发烟机释放烟剂，或用 20％灭蚜烟剂熏烟，防治效果较好。

④ 清洁田园。清除田园及附近的杂草，减少蚜虫来源。

181. 怎样防治白粉虱？

白粉虱又名小白蛾。属同翅目，粉虱科。白粉虱在全国各地均有危害，特别是在设施栽培较多的地区终年危害。

(1) 危害特点。危害时，白粉虱的成虫聚集在叶片的背面吸食植株的汁液，使受害叶片褪绿、变黄，叶片萎蔫，甚至造成整株枯死。另外，白粉虱还可以传播病毒病和分泌大量蜜露，对植株造成间接危害。

(2) 形态特征。

成虫：体长 1～1.5 毫米，淡黄色，翅面覆盖白色蜡粉。翅脉简单，沿翅外缘有一排小颗粒。

卵：长约 0.2 毫米，侧面看长椭圆形，基部有卵柄，从叶背的气孔插入植物的组织中。初产淡绿色，覆有蜡粉，而后逐渐变为褐色，至孵化前变为黑色。

若虫：1 龄若虫长椭圆形，体长大约 0.29 毫米；2 龄若虫体长大约 0.37 毫米；3 龄若虫体长大约 0.51 毫米，淡绿色或黄绿色，足和触角退化；4 龄若虫又称为伪蛹，体长 0.7～0.8 毫米，椭圆形，初期扁平，逐渐加厚，从侧面看呈蛋糕状，黄褐色，体背有长短不齐的蜡丝，体侧有刺。

(3) 发生规律。温室白粉虱在温室条件下 1 年可以发生 10 余代，在我国北方冬季野外条件下不能存活，以各种虫态在温室内越冬并且继续危害。成虫羽化后 1～3 天可以交配产卵，平均每只雌虫产卵数为 100～200 粒。也可以进行孤雌生殖，其后代为雄性。每年的 7～8 月虫口数量增长较快，8～9 月危害严重，10 月下旬以后气温逐渐降低，虫口数量开始减少，并且向温室内迁移危害。在北方，由于蔬菜周年生产紧密衔接和相互交替，温室白粉虱会周年发生。

（4）防治方法。

① 生物防治。利用天敌昆虫进行防治，在温室和大棚等设施内，可人工释放丽蚜小蜂、中华草蛉等防治。

② 物理防治。与蚜虫一样，白粉虱具有强烈的趋黄性，可利用黄板进行诱杀，方法同蚜虫防治。另外，在设施生产中，黄板的使用要与防虫网配合进行，在风口处用 20～30 目左右的防虫网封严，以免棚外的白粉虱进入棚内。

③ 药剂防治。可选用 25％噻嗪酮可湿性粉剂 1 000～1 500 倍液、2.5％的联苯菊酯乳油 2 000～3 000 倍液、2.5％溴氰菊酯乳油 1 000～2 000 倍液、20％氰戊菊酯乳油 1 000～2 000 倍液、2.5％高效氯氟氰菊酯乳油 3 000 倍液喷洒，每周 1 次，连喷 3～4 次，不同药剂应交替使用，以免害虫产生抗药性。喷药要在早晨或傍晚进行，此时白粉虱的迁飞能力较差。喷时要先喷叶正面，再喷背面，使惊飞的白粉虱落到叶表面时也能触到药液而死。

④ 熏烟防治。同蚜虫防治。

⑤ 农业防治。温室内前茬可以种植白粉虱不喜食的芹菜、蒜黄等耐低温的作物，减少黄瓜、番茄的种植面积。对温室、大棚内外的杂草、残枝、败叶一定要清除干净，减少虫源。

182. 如何防治烟粉虱？

烟粉虱与白粉虱极为类似，在田间发生时若不仔细观察，容易与温室白粉虱混淆。

（1）危害特点。烟粉虱食性杂，寄主范围广，危害时成虫、若虫在寄主背面吸食植物汁液，被害叶褪绿、变黄、萎蔫，甚至全株枯死，同时它还会分泌蜜露，诱发煤污病，影响植物光合作用，危害严重时可造成绝收。

（2）形态特征。与温室白粉虱相同，它属同翅目，粉虱科，是热带和亚热带地区主要害虫之一。外形特征也与温室白粉虱类似，不同的是它的个体更小，且静止时翅膀呈屋脊状，因此，在鉴别时应与白粉虱有所区别。

（3）发生规律。它可以传播 70 种以上的病毒病，特别是近些年在我国暴发的黄化曲叶病毒病，给山东、河北、北京等地区的番茄生产造成巨大损失。烟粉虱一年可以产生 10～12 个重叠世代，其成虫喜欢无风温暖天气，有趋黄性，暴风雨能抑制其大发生，非灌溉区或浇水次数少的作物受害重。

（4）防治方法。

① 选用抗病优良品种。利用作物自身抗性是对烟粉虱及其所传病毒病综合治理的重要内容，目前生产上广泛推广的番茄品种多数为感病品种。

② 隔离育苗。培育无病虫壮苗是防控该病害的主要措施，育苗场所选择在远离大田作物的地点，育苗前彻底清除苗床及周围病虫杂草以及上茬番茄植株的残枝落叶。在温室或大棚里育苗，利用覆盖膜高温闷棚方法除掉残余虫源。用 40～60 目防虫网覆盖，防止烟粉虱成虫迁入，同时悬挂黄板进行诱杀，如有成虫进入，及时使用药剂防治。

③ 加强田间管理。定植后加强水肥管理，增强植株抗病能力，每 50 米^2 悬挂 2 块黄板诱杀烟粉虱，同时配合 40～60 目防虫网防治，发现植株落叶有烟粉虱若虫或伪蛹时，可结合整枝及时摘除有虫叶片，并清除有感病症状的植株。

④ 药剂防治。可选用的农药有 25％噻嗪酮可湿性粉剂 1 500 倍液、10％的吡虫啉可湿性粉剂 2 000 倍液、1.8％阿维菌素乳油 1 500 倍液等。

⑤ 轮作换茬。实时轮作换茬，改种烟粉虱不喜食的蔬菜，如芹菜、叶用莴苣或葱蒜类等。

183. 如何防治棉铃虫？

棉铃虫是世界性害虫，主要危害棉花生产，在番茄生产中以危害果实为主。

（1）危害特点。幼虫以蛀食蕾、花、果为主，也食害嫩茎、叶和芽，以蛀果危害最严重。蕾受害时，萼片张开、变黄脱落。幼果能被吃空或腐烂，成熟果虽然只被蛀食部分果肉，但因蛀孔在蒂部，易进雨水，引入病菌造成腐烂脱落，有时1头虫可蛀几个果实，是减产的主要原因。

（2）形态特征。棉铃虫成虫前翅青灰色、灰褐色或赤褐色，线、纹均黑褐色，不甚清晰；肾纹前方有黑褐纹；后翅灰白色，端区有一黑褐色宽带，其外缘有两相连的白斑。幼虫体色变化较多，有绿、黄、淡红等，体表有褐色和灰色的尖刺；腹面有黑色或黑褐色小刺；蛹自绿变褐。卵呈半球形，顶部稍隆起，纵棱间或有分支。

（3）发生规律。华北地区每年发生4代，以蛹在土中越冬。成虫于夜间交配产卵，95％的卵散产于番茄植株的顶尖至第四复叶层的嫩梢、嫩叶、果萼、茎基上，初孵幼虫仅能啃食嫩叶尖及花蕾成凹点。幼虫共6龄，一般在3龄开始蛀果，4～5龄转果蛀食频繁，6龄相对减弱。早期幼虫喜食青果，近老熟时则喜食成熟果及嫩叶。第一代成虫发生期与番茄、瓜类作物花期相遇，加之气温适宜，因此产卵量大增，使第二代棉铃虫成为危害最严重的世代。

（4）防治方法。

① 物理防治。成虫有强趋光性，可利用黑光灯诱蛾。也可用60～70厘米长的杨树把（带叶），每把10根扎成1束，插入

田间，每公顷 150 把，每 5～10 天换 1 次，共换 1～2 次。在清晨露水未干时，用塑料袋套住把子，捉杀害虫。

②生物防治。在主要危害世代，产卵高峰后 3～4 天和 6～8 天，喷 Bt 乳剂（每克含活孢子 100 亿）250～300 倍液 2 次，能杀死 3 龄前幼虫。也可饲养释放赤眼蜂，在产卵开始、盛期、末期，每亩放蜂 1.5 万头，间隔 3～5 天，连续放 3～4 次。赤眼蜂是产卵寄生在棉铃虫卵内的小蜂，能使棉铃虫卵形成空壳，起到防虫作用，卵寄生率可达 80%。

③药剂防治。应在幼虫 3 龄前将其消灭，北京在 5 月中旬开始，2.5% 高效氯氟氰菊酯乳油 5 000 倍液，90% 敌百虫可湿性粉剂 1 000 倍液等喷雾。每 7～10 天喷 1 次，共喷 2～3 次。

184. 如何防治番茄斑潜蝇？

与粉虱、蚜虫、蓟马等共称为危害蔬菜生产的六小害虫，在番茄生产中偶有发生，部分地区或地块发生严重。

(1) 危害特点。 以夏、秋季虫口密度最大。成虫以吸取植株叶片的汁液危害，在叶片上造成近圆形刻点状凹陷，卵产于叶片上下表皮之间的叶肉中；幼虫潜在叶内取食叶肉，仅留下表皮，形成虫道（虫道的终端不明显变宽膨大，这是番茄斑潜蝇区别于美洲斑潜蝇的一个特征），严重时虫道斑痕密布，大大影响叶片光合作用，降低产量，更严重时造成毁苗。

(2) 形态特征。 成虫翅长约 2 毫米，除复眼、单眼三角区、后头及胸、腹背面大体黑色，其余部分和小盾板基本黄色；成虫内、外顶鬃均着生在黄色区，蛹后气门 7～12 孔；卵米色，稍透明，大小（0.2～0.3）毫米×（0.1～0.15）毫米；幼虫蛆状，初孵无色，渐变黄橙色，老熟时长约 3 毫米；蛹卵形，腹面稍平，橙黄色。

(3) 发生规律。 该虫在 5 月中旬至 7 月初及 9 月上中旬至 10 月中旬有两个发生高峰期。经试验，在温度 15℃下成虫寿命

10～14 天，卵期 13 天左右，幼虫期 9 天左右，蛹期 20 天左右；30℃时成虫寿命 5 天，卵期 4 天，幼虫期 5 天左右，蛹期 9 天左右。幼虫老熟后咬破表皮在叶外或土表下化蛹。

（4）防治方法。

① 清洁田园。清除田边杂草，上茬收获后及时清除残株老叶，集中烧毁，可压低田间虫口。

② 物理防治。成虫具有趋黄性，可挂黄板诱杀。

③ 药剂防治。零星发现时，摘除有虫叶片掩埋，然后打药。打药应在被害虫道长度 2 厘米以下时进行。早晨或傍晚采用连环喷药法，每 7 天喷 1 次，农药轮换，以延缓害虫对各种农药的抗性。选具有内吸和触杀作用的杀虫剂，如 20%氰戊菊酯 1 500 倍液、2.5%高效氯氟氰菊酯乳油 1 000 倍液、1.8%阿维菌素乳油 2 000～2 500 倍液，或灭蝇胺可湿性粉剂 500～2 000 倍液。

185. 怎样防治小地老虎？

小地老虎危害蔬菜的种类很多，幼虫常将幼苗茎基部咬断，或咬食子叶、嫩叶，常造成缺苗。

（1）生活习性。全国各地区均有发生，各地发生代数不同，北方地区 2～3 代，南方地区 6～7 代。以蛹或老熟幼虫在土壤中越冬。3 月下旬开始发生，4 月中旬为产卵盛期，第一代幼虫发生盛期在 5 月上中旬。成虫有趋光性，黄昏到午夜期间最活跃。1～2 龄幼虫大多数集中在心叶和嫩叶上，啃食叶肉留下表皮。3 龄幼虫白天躲在表土下，夜间出来活动危害，尤其在天刚亮，露水多的时候危害最凶，常咬断嫩茎和嫩尖。在土壤潮湿，耕作粗放，杂草丛生的地块危害严重。

（2）防治方法。早春及时铲除杂草，限制小地老虎产卵场所和食料来源。毒饵诱杀 4 龄以下幼虫。将 5 千克麦麸或棉籽炒香，拌入 80%敌百虫可湿性粉剂 60～120 克，制成毒饵，傍晚

时撒在苗根附近诱杀，也可选用 40％氰戊菊酯·马拉硫磷乳油
2 500倍液，或 90％敌百虫晶体 1 000 倍液等药剂防治，也可在
清晨扒土，人工捕捉小地老虎。

186. 如何防治根结线虫病？

（1）**危害特点**。主要危害番茄根部，使根部出现肿大畸形，
呈鸡爪状。也有些在植株侧根及须根上造成许多大小不等、近似
球形的根结，使根部粗糙，形状不规则。剖开根结或肿大根体，
在病体里可见乳白色或淡黄色雌虫体及卵块。番茄植株地上部表
现为发育不良、叶片黄化、植株矮小，其结果较少且小，产量低，
果实品质差。干旱时，得病植株易萎蔫，直至整株枯死，损失严重。

（2）**形态特征**。根结线虫虫体很小，圆形，吸食根系，成虫
或卵可在根内部越冬，幼虫可以离开根系在土壤中存活一年。一
头雌虫 1 次产卵数百粒，一年可以发生几代至几十代。

（3）**防治方法**。

① 农业防治。主要应采用抗病优良品种、嫁接或与辣味蔬
菜轮作等方法，其中水旱轮作效果最好。

② 药剂防治。要保证药剂集中于土壤 5～30 厘米深处，以
提高防治效果。可在播种或定植前 15 天，选用 1.8％阿维菌素，
用量为 1 毫升/米^2，拌均匀，施用后再耕翻入土。也可采用条施
或沟施，每亩施入上述药剂 2～3.5 千克，然后覆土踏实，形成
药带。施药后应注意拌土，以防植株根部与药剂直接接触。定植
后，每亩用 1.8％阿维菌素 0.5 千克，兑 1 000 千克水，每株灌
根 0.25 千克以上。

第十三部分

番茄的采收和分级

187. 如何进行番茄采收前管理？

采收前 3～7 天一般不能进行田间灌溉。如果遇到下雨天，要尽量延后采收，否则会增加蔬菜含水量，降低干物质含量，不仅风味变淡、品质变差，而且不耐贮运。

188. 采收成熟度如何辨别？

成熟度是影响蔬菜品质和耐贮性的重要因素。采收过早，产品器官还未达到成熟的标准，不仅产品的大小和产量达不到标准，而且由于产品本身固有的色、香、味还未充分表现出来，会造成色泽、风味和品质不佳，耐贮性差；采收过晚，产品已经开始后熟衰老，抗病性和耐贮性降低。因此，在确定采收成熟度时，应考虑产品的采后用途、运输距离、贮藏时间、贮藏方法、设备条件、销售期和生理特点等。

番茄果实在成熟过程中可分为 4 个时期，即白熟期、转色期、坚熟期和完熟期（亦称软熟期）。

(1) 白熟期。 果实已充分膨大，但果皮全是白绿色，果肉坚硬，风味较差。

(2) 转色期。 果实的顶端开始由白变红或粉色，果肉开始变软，可溶性固形物含量增高。

（3）**坚熟期。**果实 3/4 的面积变成红色或粉色、黄色，营养价值最高，是鲜食的最适时期。

（4）**完熟期。**果实表面全部变红，果肉变软，可溶性固形物含量达极高。

作为蔬菜食用的番茄一般在开花后 40～50 天、果实已有3/4 的面积变成红色或黄色时即为采收适期，应及时采收。夏、秋番茄较春番茄着色快、易成熟、易软化变质，近销的应在果实开始转红后采收；远距离调运的，应在白熟期或转色期采收。

189. 适宜的番茄采收时间是怎样的？

一般采收时间要选择晴天早晨露水干后或下午天气凉爽后开始，这时气温较低，不仅可以减少番茄果实所携带的田间热，降低呼吸强度，减少采后水分蒸散，防止失水萎蔫，而且能减轻蔬菜表面潮湿，不利于病菌滋生。此外，早晚采收还有利于降低个体内部膨压，减少表皮破裂，防止病原微生物侵染。采收时要轻拿轻放，尽量避免机械损伤。采收后放到阴凉处，不能立即包装，以免在包装内形成结露。

190. 番茄分级的必要性是什么？

番茄生长发育过程中，由于受到各种因素的影响，其大小、形状、质量、色泽、成熟度、新鲜度、清洁度、营养成分、病虫伤害、机械损伤等状况差异很大。因此，采收后要对番茄进行分级后再进行销售，可提高销售价格。番茄分级标准可根据当地市场要求进行调整。

191. 番茄主要包装材料有哪几种？

蔬菜内包装主要作用是改善蔬菜贮运的微环境，减少产品的磕碰和挤压。

(1) 塑料包装。主要有保鲜袋、保鲜膜、保鲜托盘和保鲜盒等形式。材质包括聚乙烯（PE）、聚氯乙烯（PVC）、聚丙烯（PP）、聚偏二氯乙烯（PVDC）和聚对苯二甲酸乙二醇酯（PET）等。其中，聚氯乙烯和聚乙烯是最常用的塑料。

(2) 保鲜纸包装。保鲜纸具有吸湿、保湿和隔离的作用，此外还可以在纸中添加或涂覆某些有挥发性的杀菌性物质或抗氧化剂，使保鲜纸具有杀菌作用；或者在造纸材料中添加某些吸附性活性物质，使保鲜纸具有吸收蔬菜释放的乙烯、乙醛和乙醇等气体的功能。

(3) 发泡网套包装。发泡网套具有轻便、弹性好、减压、防震等特性。

192. 番茄采后的贮藏环境条件是怎样的？

番茄的适宜贮藏温度与采收成熟度有关。成熟度越低，要求的贮藏温度越高。如完熟期番茄的适宜贮藏温度为 $6\sim8\ ℃$，白熟期番茄的适宜贮藏温度为 $10\sim12\ ℃$，温度过低易发生冷害。遇冷害的番茄果实呈现局部或全部水渍状，表面呈现褐色斑块，易感染病害而引起腐烂，同时，遇冷害的番茄不能正常转色。番茄贮藏适宜的相对湿度为 $85\%\sim90\%$，氧气和二氧化碳浓度均为 $2\%\sim5\%$。当氧气浓度过低或二氧化碳浓度过高时会对番茄产生伤害。

193. 如何用塑料薄膜袋进行番茄贮藏？

贮藏数量较少时可采用塑料薄膜袋贮藏。将番茄装入厚度为 0.03 毫米的聚乙烯塑料袋，每袋 25 千克左右，轻扎袋口放到阴凉处或贮藏库内。贮藏初期每隔 2～3 天，在清晨或傍晚温度适宜时，将袋口打开 15～20 分钟进行换气，并将袋壁上附着的水珠擦干，然后再将袋口扎紧继续贮藏。一般贮藏 10～15 天时番茄逐渐后熟转色，变软，如需继续贮藏则应减少袋内果实数量，只平放一层或两层，以免互相挤压破裂。果实红熟后把袋口敞开，降低袋内空气湿度，防止果实腐烂变质。

参 考 文 献

高丽红，吴艳飞，李元，2007. 黄瓜栽培技术问答 ［M］. 北京：中国农业大学出版社 .

农业部全国农业技术推广总站，1995. 番茄生产 150 问 ［M］. 北京：中国农业出版社 .

王铁臣，徐进，赵景文，2014. 设施黄瓜番茄实用栽培新技术集锦 ［M］. 北京：中国农业出版社 .

韦强，2016. 蔬菜贮运保鲜实用技术指南 ［M］. 北京：中国农业出版社 .

张星光，王靖华，2003. 番茄无公害生产技术 ［M］. 北京：中国农业出版社 .

郑建秋，2004. 现代蔬菜病虫鉴别与防治手册 ［M］. 北京：中国农业出版社 .

图书在版编目（CIP）数据

设施番茄栽培与病虫害防治百问百答／徐进主编
—北京：中国农业出版社，2021.1
（设施园艺作物生产关键技术问答丛书）
ISBN 978 - 7 - 109 - 27923 - 0

Ⅰ.①设…　Ⅱ.①徐…　Ⅲ.①番茄－蔬菜园艺－设施
农业－问题解答②番茄－病虫害防治－问题解答　Ⅳ.
①S641.2 - 44②S436.412 - 44

中国版本图书馆 CIP 数据核字（2021）第 025224 号

中国农业出版社出版
地址：北京市朝阳区麦子店街 18 号楼
邮编：100125
责任编辑：李　瑜　黄　宇
版式设计：王　晨　　责任校对：沙凯霖
印刷：中农印务有限公司
版次：2021 年 1 月第 1 版
印次：2021 年 1 月北京第 1 次印刷
发行：新华书店北京发行所
开本：850mm×1168mm　1/32
印张：5.25　　插页：2
字数：140 千字
定价：23.00 元

多彩的番茄品种

仙客 8 号

中研 988

金冠 58

浙粉 702

迪安娜

金棚10号

威霸2号

京采6号

番茄穴盘育苗

育苗块育苗

土壤消毒技术

振荡授粉器辅助授粉

熊蜂授粉

春大棚番茄生产

番茄绿熟期打底叶后

日光温室番茄越冬茬生产结果期

雪天温室除雪